はじめての応用解析

Iwanami Mathematics

# はじめての応用解析

Approach to and Encounter with
Applied Analysis

Hiroshi Fujita 藤田 宏　　Norikazu Saito 齊藤宣一

岩波書店

# はしがき

　本書の標題の「応用解析」は，解析学の応用を意味している．解析は，代数や幾何と併せて数学を大まかに区分したときの分野であり，微積分法の延長にあるといってよい．解析学の先端的な部分には微分方程式論，関数解析学，数値解析学が含まれる．

　数学の応用は，自然界の現象や産業における課題などといった対象に関わるが，それぞれの目的意識からは，次の二通りに分けられる：

(1) 数学の光により対象を解明し，その仕組みを理解する．

(2) 数学の力により対象に働きかけ，課題を達成する．

　古典的な大学制度に合わせた表現でいえば，(1)は理学部的(基礎科学的)な探究であり，(2)は工学部的(目的科学的)な達成である．医学になぞらえれば，(1)は基礎医学的な営みであり，(2)は臨床医学的な営みである．

　さらに，(1)(2)のどちらの遂行に際しても，支えは「概念と方法」であると主張したい．細かくいえば，(1)では，そこにふさわしい「(数学的)概念」を用いて数学的なモデルをつくり，それを「(数学的)方法」によって解析し，納得できる結果が得られれば成功である．(2)では，数学的にモデル化された現象への有効な「働きかけ」をもたらす「(数学的)方法」の選定・創出が決め手となる．

　純粋数学では，証明による体系性の担保が唯一の課題であるのに対して，応用数学では，概念(による理解)と方法(による達成)が眼目であり，学習法のスローガンでもある．本書の各章の題材の選択や論述の展開は，この趣旨にそって編成されている．

　ちなみに，数学とその応用を，科学技術の諸分野との連携において位置付

け，かつ推進しようという数理科学は，前世紀の中ごろからその振興が叫ばれてきた．今世紀に到り，IT 革命による学術情報の生成・伝達・知的処理の進歩により，世界中で数理科学が興隆している(実践的応用を前面に出すときは，応用数理との呼び名を用いる)．対象分野は伝統的な理工学を越えて，生命科学や社会科学に及んでいる．最近話題の人工知能(AI)技術やビッグデータ解析もその一翼である．

　最新技術の基盤を支える数理を，(ブラックボックスとして敬遠しないで)知的な素人として，あるいは，専門性に応じて然るべく理解しておくことは，これからの社会で「知的に生きる力」である．その趣旨からもできるだけ多くの皆さんが本書により応用解析になじまれることを願っている．

　他方，このような数理科学の営みが，興味深い数学現象を提示することによって，数学自身に活性を与え，発展的な数学の新分野をもたらすことは歴史が示している．応用解析の学習を数学者志望の人達にもすすめる所以である．


　初心の方が本書を読むにあたっては，まずは，概念，問題設定，解析方法の大筋の把握を目指すのでよい．それだけでも十分有意義な歩留まりである．ただし，途中で止めないだけの熱意を持ち続けることはお願いしたい．数学の勉強では，わからないことに遭遇すると一歩も先に進めないというのは迷信である．わからないことはわからないままに受けとめておき，ひるまず勉強を続けるのがよい．この点は外国語の会話の勉強と同様である．


**本書の前身**は，筆者のうちの藤田が 1991 年に放送大学のテキストとして作成した単行本『応用数学』である．このテキストは複数回の改訂を経ながら 12 年間にわたり放送大学で使用され，また刊行された．実は，若手の筆者である齊藤は，学部学生のときに，『応用数学』をゼミナールテキストとして，藤田の指導の下で学んだ．そして，大学(教育学部)の教員の任についた齊藤は，『応用数学』をテキストに用いて，講義やゼミの指導を行った．その経験によれば，『応用数学』は，その後に本格的な数学の勉強に進む学生にとって，ちょうど良い入門書となり，また，数学を学ぶ時間が限られている学生にとっても，基礎と応用を同時に学ぶことができる最良のテキストであった．

はしがき　vii

　放送大学からの出版が終わった後，藤田・齊藤の両者の共著として，当世の応用解析にふさわしい加筆・修正を加え，岩波書店から本書を刊行することが決まったのは実は 7 年以上も前のことであった．この延引は，主として高齢の著者藤田の手元での停滞が理由であったが，一方，その間に，本書が掲げた目標の切実さが，時代のうねりとして強く認知される推移があり，さらに，著者齊藤が東京大学の数理科学研究科において数値解析の先端的な研究教育を担当し，その経験を本書に反映することができた．これらのことは佳しとしたい．

　最後に，上記の長期の準備期間にわたり本年 5 月末の退職の日まで，絶えず有益な忠告と我慢強い激励によって著者達を支えて下さった元岩波書店編集部の吉田宇一氏と著作の仕上げの段階で尽力して下さった同編集部の彦田孝輔氏に感謝の意を捧げたい．

　　令和元年 8 月

藤 田　宏
齊 藤 宣 一

# 目　次

は　し　が　き
本書で学ぶ際の心構え

## 1　増殖の数理 ……………………………………………… 1
1.1　変化と関数 ……………………………………………… 1
1.2　変　化　率 ……………………………………………… 2
1.3　変化の法則 ……………………………………………… 3
1.4　増殖率が一定な変化 …………………………………… 4
1.5　非線形方程式に従う増殖 ……………………………… 9
1.6　初期値問題の解の爆発など …………………………… 11
　　　問　　題 ………………………………………………… 13
　　　ノ　ー　ト ……………………………………………… 14
　　　　　1.A　自然対数の底 $e$ ……………………………… 14
　　　　　1.B　変数分離法 ………………………………………… 16

## 2　振動の数理 ……………………………………………… 19
2.1　自然界における振動現象 ……………………………… 19
2.2　単　振　動 ……………………………………………… 20
2.3　ニュートンの力学の法則 ……………………………… 21
2.4　簡　単　な　例 ………………………………………… 23
2.5　調和振動子 ……………………………………………… 26
2.6　2階線形微分方程式と特性根の方法 ………………… 28
2.7　減　衰　振　動 ………………………………………… 33

x　目　次

　　問　題 ……………………………………………………… 35
　　ノ ー ト ……………………………………………………… 35
　　　2. A　特性根の方法への補足 ……………………………… 35
　　　2. B　非同次の微分方程式 ………………………………… 38

# 3　競合の数理 ……………………………………………… 39

3.1　一方的な影響がある場合 ………………………………… 39
3.2　互いに影響がある場合——特性根を用いる解析 …………… 43
3.3　互いに影響がある場合——行列を用いる解析 ……………… 45
3.4　軍拡競争のモデル ………………………………………… 49
　　問　題 ……………………………………………………… 52
　　ノ ー ト ……………………………………………………… 53
　　　3. A　行列の指数関数 ……………………………………… 53

# 4　惑星運動の数理 …………………………………………… 57

4.1　惑星の運動とニュートン ………………………………… 57
4.2　惑星の運動方程式 ………………………………………… 58
4.3　保 存 量 …………………………………………………… 62
4.4　円軌道の場合 ……………………………………………… 65
4.5　一般の場合の解析 ………………………………………… 68
　　問　題 ……………………………………………………… 76
　　ノ ー ト ……………………………………………………… 77
　　　4. A　2次曲線の極座標での方程式 ……………………… 77
　　　4. B　惑星の運動が平面運動であることの証明 …………… 79

# 5　弦のつり合いの数理 ……………………………………… 83

5.1　弦のつり合い ……………………………………………… 83
5.2　弦の境界値問題の解法 …………………………………… 88
5.3　グリーン関数 ……………………………………………… 90
5.4　安 定 性 …………………………………………………… 92
　　問　題 ……………………………………………………… 94

ノート …………………………………………………… 96

    5.A　境界値問題とグリーン作用素 ……………………… 96

    5.B　一般の境界値問題のグリーン関数 ………………… 98

# 6　熱伝導と波動の数理 …………………………………… 103

## 6.1　熱 方 程 式 ……………………………………………… 103

## 6.2　フーリエ級数とフーリエ係数 ………………………… 104

## 6.3　針金の熱伝導 …………………………………………… 111

    (a) 初期値境界値問題 …………………………………… 111

    (b) 解の一意性 …………………………………………… 112

    (c) 解 の 構 成 …………………………………………… 113

## 6.4　弦 の 振 動 ……………………………………………… 116

## 6.5　熱方程式の差分解法 …………………………………… 119

## 6.6　波動方程式の差分解法 ………………………………… 124

問　題 ……………………………………………………… 127

ノート ……………………………………………………… 128

    6.A　熱方程式の導出 ……………………………………… 128

    6.B　関数列の収束 ………………………………………… 130

    6.C　フーリエ展開可能性の問題 ………………………… 133

    6.D　非線形熱方程式の差分解法 ………………………… 141

# 7　フーリエ変換 …………………………………………… 145

## 7.1　複素フーリエ級数 ……………………………………… 145

## 7.2　フーリエ変換への移行 ………………………………… 150

## 7.3　フーリエ変換の性質 …………………………………… 154

    (a) 関数族 $\mathcal{S}(\mathbb{R})$ …………………………………… 155

    (b) $\mathcal{S}(\mathbb{R})$ におけるフーリエ変換 …………………… 156

    (c) 線形演算とフーリエ変換 …………………………… 156

    (d) 微分演算とフーリエ変換 …………………………… 157

    (e) 座標の掛け算とフーリエ変換 ……………………… 158

    (f) たたみこみとフーリエ変換 ………………………… 159

## 7.4　フーリエ変換の微分方程式への応用 ………………… 160

xii 目 次

問 題 ……………………………………………… 165

ノ ー ト ……………………………………………… 166

　7.A　$L^2$ におけるフーリエ変換 ………………… 166

　7.B　多変数のフーリエ変換 …………………… 168

# 8 変 分 法 —— 出会いから応用へ ………………… 171

8.1 微分法から変分法へ ……………………………… 171

　(a) 微分法と最大最小 …………………………… 171

　(b) 変分法と汎関数 ……………………………… 173

　(c) 条件付きの変分問題 ………………………… 176

8.2 オイラーの方程式 ………………………………… 179

　(a) 弦のつり合い ………………………………… 179

　(b) 一般の場合 …………………………………… 183

　(c) 自然境界条件 ………………………………… 187

　(d) ロバン境界条件 ……………………………… 189

8.3 多変数の問題 ……………………………………… 190

　(a) ディリクレ問題と変分法 …………………… 190

　(b) 多次元での自然境界条件 …………………… 193

8.4 変分法に基づく近似解法 ………………………… 195

　(a) リッツ–ガレルキンの方法 ………………… 195

　(b) 有限要素法. 空間 1 次元の場合 …………… 200

問 題 ……………………………………………… 203

ノ ー ト ……………………………………………… 204

　8.A　変分法の基本補題の証明 …………………… 204

　8.B　行列 $A$ の正定値性 ………………………… 204

　8.C　有限要素法. 空間 2 次元の場合 …………… 205

# 9 超 関 数 —— 出会いから応用へ ………………… 209

9.1 デルタ関数 ………………………………………… 209

　(a) 一点に集中する分布 ………………………… 209

　(b) 加重平均とデルタ関数 ……………………… 212

目　次　　xiii

9.2　不連続関数の導関数 ……………………………………… 217
　　　(a)　運動量の変化と撃力 ……………………………… 218
　　　(b)　超関数的導関数 …………………………………… 220
9.3　超関数の定義と例 ………………………………………… 223
9.4　超関数の性質 ……………………………………………… 228
　　　(a)　極　限 ……………………………………………… 228
　　　(b)　微　分 ……………………………………………… 229
　　問　題 ……………………………………………………… 234
　　ノート ……………………………………………………… 234
　　　9. A　(9.10)などの正確な導出 ……………………… 234
　　　9. B　定数関数の定める超関数の微分 ……………… 235
　　　9. C　緩増加な超関数 ………………………………… 237

問題の略解 ……………………………………………………… 239

参 考 書 ………………………………………………………… 247

索　引 …………………………………………………………… 249

# 本書で学ぶ際の心構え

第1章から第3章までは，きわめて僅かの予備知識しか想定していない．高等学校での知識と大差がないことに張り合い抜けを感じられる向きもあるかもしれないほどである．その理由は，これらの章では数学的計算の難しさを極度に抑え，現象を数学的にモデル化させて結果を数理的に導く応用数学の基本姿勢を感じとってもらうことを旨としたこと，および，しばらく数学から遠ざかっていた人たちにも復習によって以後に必要な知識を思い出す余裕を確保するためである．

それ以後の章では，読者にかなりタフな解析に付き合っていただかねばならない．しかし，細部を理解すべきところと，事実のイメージが得られさえすればよいところとは区別して述べてあるので，読者が著者を信じて協力的な努力を惜しまずに勉強されるならば無事に通過できるはずである．

さて，第4章の解析は，微分方程式の話題としては相当に高度であるが，意欲さえあれば計算をたどることは可能であろう．その結果，ニュートンの輝ける成果を身近なものと感じとっていただきたい．

第5章の解析は難しくはないが，問題意識の納得が困難かもしれない．本来，ここでの扱いは関数解析的考察の伏線となるもので，その苦労が本書の範囲では活きていないのが実状であるが，将来での効果を期待することにしよう．

第6章および第7章は，応用解析として重要な方法であるフーリエ級数とフーリエ変換のかなり本格的な解説である．このあたりからは，解説が急ピッチであるから，初読だけではわかった気がしなくても落胆するにはおよばない．時間をかけて丹念にたどれば必ずマスターできるはずである．

第8章および第9章は性格が異なるが，ともに現代的な広い応用をもつ強力な方法と壮大な理論への出会いである．この出会いは，将来の長い付き合いと理解の端緒となり得るので，できるだけ多くを理解できるように頑張ってほしい．

## ノートについて

本文内で解説するにはいささか技巧的すぎる事柄，あるいはこの段階では目線が高いと思われる事柄を，読者の皆さんの数理リテラシー向上の目的で，各章末にノートと

してまとめた．初読の際には，このノートの部分は飛ばして先を急いでも良い．あるいは，"お話"として味わっていただくだけでも結構である．もちろん，より深い数学的概念を修得することを目的とする読者は，ノートの部分も熟読することをおすすめする．

## 問題について

本書の各章末には簡単な問題が付記されているので，計算方法の理解の定着のためなどに大いに活用していただきたい．さらに，読者の皆さんには，問題を数理的に解析する思考の流れをより確実に理解するために，本文の説明や例に登場する計算を再構成してみられることをおすすめしておく．

# 1
# 増殖の数理

自然界や社会における現象には，時間とともに変化する量が現れる．人工衛星の運動を調べるときは，時間の関数としての人工衛星の位置が問題となる．また，大雨の時にダムの放水の時機を判断するためには，時間の関数としての貯水量に注意を払わねばならない．変化を数学的に調べるための基礎は関数の考えであり，ニュートン[*1]たちが創始した微積分の方法である．応用解析の登り口での第一歩として，身近な増殖現象に関係する「倍率一定の変化」の考察から始めよう．

## 1.1 変化と関数

中学校以来なじんでいる概念であるが，関数について復習しておこう．関数を表すのには**関数記号**を用いる．たとえば，問題としている量 $z$ が時間 $t$ の関数であることは，関数記号 $f(\ )$ を用いて

$$z = f(t) \tag{1.1}$$

と書くことができる．物理学や工学などの応用分野では，関数自身を表す文字，すなわち，従属変数を表す文字をそのまま関数記号に用いることが多い．

---

[*1] Isaac Newton 1643-1727.

2    1 増殖の数理

たとえば，(1.1)の代わりに

$$z = z(t)$$

と書くのである．

(1.1)で表される関数について，関数記号が必要になれば，$z(\ )$，あるいは，$z(\cdot)$ を用いる．

## 1.2 変化率

やはり高等学校以来学んでいるように，関数の変化を調べる有力な方法は変化率の応用，すなわち，**微分法**である．

いま，ある初期時刻から測った時間を $t$ とし，$t$ の関数 $z = z(t)$ を考える．時刻 $t$ から $\Delta t$ だけ時間が経った時刻 $t + \Delta t$ までを考える．この間の $z$ の増分を $\Delta z$ とすれば，$\Delta z = z(t + \Delta t) - z(t)$ であるから，これを $\Delta t$ で割った

$$\frac{\Delta z}{\Delta t} = \frac{z(t + \Delta t) - z(t)}{\Delta t}$$

が，$t$ から $t + \Delta t$ までの間の $z$ の**平均変化率**である．ここで，$t$ を固定し，$\Delta t$ を 0 に近づけたときの極限が，時刻 $t$ における $z$ の**変化率**(瞬間変化率)である．これは，微分法の用語を用いれば，関数 $z(t)$ の $t$ における**微分係数**にほかならない．したがって，$z$ の変化率自身を時間の関数とみれば，それは $z(t)$ の導関数

$$z'(t) = \frac{dz}{dt}(t)$$

にほかならない．まとめると，

$$z(t) \text{ の } t \text{ における変化率} = \lim_{\Delta t \to 0} \frac{z(t + \Delta t) - z(t)}{\Delta t}$$
$$= z'(t) = \frac{dz}{dt}(t)$$

である．

例 1.1　数直線上を動く点 P の座標 $x$ は，時間 $t$ の関数 $x = x(t)$ である．$x$ の変化率(瞬間変化率)は，この動点の**速度**(瞬間速度) $v$ にほかならない．さらに，速度 $v$ の変化率は，この動点の**加速度** $\alpha$ である．すなわち，

$$v = \frac{dx}{dt}, \qquad \alpha = \frac{dv}{dt} = \frac{d^2x}{dt^2}$$

である．　　　　　　　　　　　　　　　　　　　　　　　　　　　□

## 1.3　変化の法則

　一般に現実の変化はきわめて複雑であるが，なかには簡単な法則に従うものもある．

　たとえば，量 $z = z(t)$ の変化率 $k$ が一定であるならば，$z$ の変化は，

$$\frac{dz}{dt} = k \tag{1.2}$$

という簡単な法則に従っている．この場合，$z$ の**初期値**，すなわち，初期時刻 $t = 0$ における $z$ の値を $z_0$ で表すと，

$$z = z_0 + kt$$

である．

例 1.2 (等速直線運動)　数直線上の動点が一定の速度 $k$ で運動するとする．この動点の座標 $x = x(t)$ は，初期時刻における動点の座標を $x_0$ とおくと

$$x = x_0 + kt$$

で表される．　　　　　　　　　　　　　　　　　　　　　　　　　□

例 1.3 (等加速度運動)　数直線上の動点の加速度が一定値 $g$ であるとする．この動点の座標，速度を，それぞれ $x, v$ とおくと

$$\frac{dv}{dt} = g, \quad すなわち, \quad \frac{d^2x}{dt^2} = g$$

である．このときの動点の初期座標を $x_0$，初期速度を $v_0$ とおけば，

$$x = x_0 + v_0 t + \frac{1}{2} g t^2$$

となる. □

## 1.4 増殖率が一定な変化

簡単な規則に従う変化のうちで重要であり，いろいろな意味で基本的である典型の一つは"倍率一定"とよばれる変化である．これは，単位時間ごとに考えている量が一定の倍率で増加(減少)するものである．例を用いて説明しよう．

いま，ある容器の中にバクテリアが入っている．時刻 $t$ における，このバクテリアの量を $z(t)$ で表す．バクテリアは絶えず増え続け，その増殖の規則は，時間が $T$ 経てば量が $\alpha$ 倍になるものとする．ただし，$\alpha$ は 1 より大きな定数である．

この変化の規則を式に書けば，

$$z(t+T) = \alpha z(t) \tag{1.3}$$

となる.

初期時刻 $t=0$ における $z$ の値を $z_0$ とする．このとき，$t=T,\ 2T,\ 3T,\ \ldots$ といった $T$ の自然数倍の時刻におけるバクテリアの量は簡単に求められる．すなわち，$n$ が自然数であるときは

$$z(nT) = \alpha^n z_0 \tag{1.4}$$

である．これによれば，$t=nT$ のときの $z$ の値は，公比 $\alpha$ の等比数列になっている．

では，$T$ を単位として測って半端なだけ時間が経ったときの $z$ の値はどうなるのであろうか．すなわち，任意の時刻 $t$ における $z$ の値を求めたい．

まず，時間が $T$ の半分，すなわち $\frac{T}{2}$ だけ経ったときバクテリアの量が何倍になるかを調べてみよう．そのために，時間が $\frac{T}{2}$ だけ経てば，バクテリアの量は $\gamma$ 倍になるとおく．そうすると

$$z\left(t+\frac{T}{2}\right) = \gamma z(t)$$

であるから,

$$z(t+T) = z\left(\left(t+\frac{T}{2}\right)+\frac{T}{2}\right)$$
$$= \gamma z\left(t+\frac{T}{2}\right) = \gamma \cdot \gamma z(t) = \gamma^2 z(t)$$

が得られる. この結果と (1.3) とを比較すると, $\gamma^2 = \alpha$ となる. したがって,

$$\gamma = \sqrt{\alpha}$$

という関係がある. すなわち, 時間が $\dfrac{T}{2}$ だけ経つごとにバクテリアの量は $\sqrt{\alpha}$ 倍になる. 同様に考えると, $\dfrac{T}{3}$ だけ時間が経つとバクテリアの量は $\sqrt[3]{\alpha}$ 倍になることがわかる.

この考察を進めると, $n$ を任意の自然数として, $\dfrac{T}{n}$ だけ時間が経ったとき, バクテリアの量は

$$\sqrt[n]{\alpha} = \alpha^{\frac{1}{n}} \ \text{倍}$$

になることが得られる. この結果を式に書けば,

$$z\left(t+\frac{T}{n}\right) = \sqrt[n]{\alpha}\, z(t) \qquad (n = 1, 2, \ldots) \tag{1.5}$$

である.

この (1.5) から $z$ の変化率 $\dfrac{dz}{dt}$ を計算することができる. そのために

$$h = \frac{T}{n}$$

とおく. $n \to \infty$ のとき $h \to 0$ である. さらに, 式を見やすくするために

$$\beta = \frac{1}{T}$$

とおくことにする. この記号を用いると,

$$\sqrt[n]{\alpha} = \alpha^{\frac{1}{n}} = \alpha^{\frac{1}{T}h} = \alpha^{\beta h}$$

6   1 増殖の数理

である．したがって，(1.5)を書き直して，

$$z(t+h) = \alpha^{\beta h} z(t)$$

とすることができる．これから，$z$ の平均変化率を次のように計算する．

$$\frac{z(t+h) - z(t)}{h} = \frac{\alpha^{\beta h} - 1}{h} z(t). \tag{1.6}$$

ここで，$h \to 0$ として，$\dfrac{dz}{dt}$ を導くために極限値

$$L = \lim_{h \to 0} \frac{\alpha^{\beta h} - 1}{h} \tag{1.7}$$

を求める．そのために，補助的に関数

$$f(x) = \alpha^{\beta x}$$

を考える．$f(0) = \alpha^0 = 1$ であるから，(1.7)から，

$$L = \lim_{h \to 0} \frac{f(h) - f(0)}{h} = f'(0) \tag{1.8}$$

が得られる．一方，$f(x)$ を自然対数の底 $e$ を用いて

$$f(x) = e^{x \beta \log \alpha}$$

と書き直すことができる．これより，

$$f'(x) = \beta \log \alpha \cdot e^{x \beta \log \alpha}$$

となる．したがって，

$$f'(0) = \beta \log \alpha \cdot e^0 = \beta \log \alpha = \frac{\log \alpha}{T} \tag{1.9}$$

であることがわかる．これが求める(1.7)の極限値 $L$ である．

よって，(1.6)から $z(t)$ の変化率 $\dfrac{dz}{dt}$ は，

$$\frac{dz}{dt} = az \tag{1.10}$$

となる．ここで，定数 $a$ は，

$$a = \frac{\log \alpha}{T} \tag{1.11}$$

である.

このように，$z$ の変化の規則は方程式 (1.10) で表される.

さて，$z$ の初期値 $z(0)$ を $z_0$ と書けば，微分方程式 (1.10) の解 $z$ のうちで，初期条件

$$z(0) = z_0$$

を満たす解は

$$z(t) = e^{at} z_0 \tag{1.12}$$

である.

この (1.12) が，問題のバクテリアの任意の時刻 $t$ における量 $z(t)$ を表す式である.

(1.12) で $t = nT$ ($n$ は自然数) とおいて計算すると，

$$z(nT) = e^{anT} z_0 = e^{(\frac{\log \alpha}{T}) \cdot nT} z_0$$
$$= e^{n \log \alpha} z_0 = \alpha^n z_0$$

となり，確かに前出の (1.4) が再現される.

いまの例を離れても，問題に応じた定数 $a$ を用いた微分方程式 (1.10) に従う変化がいろいろあり，その解が (1.12) で与えられるのである.

(1.10) は，瞬間変化率が現在量に比例するという法則を表している．比例定数が $a$ である．この意味で $a$ を**増殖係数** (増殖率) とよぶことがある．$a$ が正数ならば，(1.10) により正の量 $z$ の変化率は正となり，$z$ は $t$ とともに増加する．確かに (1.12) によっても，$a > 0$ ならば $z$ は $t$ とともに増加すること，特に**指数関数的に増加**することがわかる．逆に，$a < 0$ ならば，$z$ は $t$ が増すにつれて**指数関数的に減少**する．

(1.10) に支配される変化の別の例を見てみよう.

例 1.4 (放射性物質の半減期)　ある容器に放射性物質が入っているとし，そ

8    1 増殖の数理

の量を $R$ で表す. 一般に, 放射性物質の量が半分になるまでの時間 $T$ を, その放射性物質の**半減期**という. 上のバクテリアの例のときの扱いに合わせれば

$$\alpha = \frac{1}{2}$$

の場合に相当する. したがって, (1.10)に用いるべき増殖係数 $a$ を(1.11)により求めれば,

$$a = \frac{\log \dfrac{1}{2}}{T} = -\frac{\log 2}{T}$$

となる. さらに, 正数 $k = \dfrac{\log 2}{T}$ を用いれば, $R = R(t)$ の変化を定める微分方程式は

$$\frac{dR}{dt} = -kR$$

と表される. これが半減期が与えられたときの, 放射性物質の減少を支配する法則である.                                                           □

例1.5 (マルサスの法則)    一定の地域に生息する, ある生物の個体数を $N$ で表す. $N$ は個体数であるから自然数のはずだが, 十分大きな数を考えているので, これを実数として扱い, 時間 $t$ の関数 $N = N(t)$ とみなす. あるいは, 個体群密度を考えていると思ってもよい. この生物の出生率を $\beta$ とする. すなわち, 微小な時間 $\Delta t$ の間の出生数が $\beta N \Delta t$ で与えられると考える. 同様に死亡率を $\delta$ と書く. すなわち, $\Delta t$ の間の死亡数は $\delta N \Delta t$ であると考える. このとき, $N$ の変化率

$$\lim_{\Delta t \to 0} \frac{\Delta N}{\Delta t} = \lim_{\Delta t \to 0} \frac{\beta N \Delta t - \delta N \Delta t}{\Delta t}$$

は,

$$\frac{dN}{dt} = (\beta - \delta)N \tag{1.13}$$

となる. これを**マルサスの法則**[*2]という. (1.13)によれば, この生物の増殖

―――――――――――
*2  Thomas Robert Malthus 1766-1834.

率は $\beta - \delta$ である. □

## 1.5 非線形方程式に従う増殖

前節で扱ったバクテリアの増殖の例において，さらに次のような状況を設定してみよう．すなわち，バクテリアが増えすぎると環境が悪化し，増殖率が低下すると仮定するのである．具体的には，バクテリアの量 $z$ の変化は，(1.10) に従い，

$$\frac{dz}{dt} = az$$

を満たすのであるが，ここでの $a$ は定数ではなく，$z$ の増加とともに，

$$a = p - qz \qquad (p, q \text{ は正定数})$$

に従って小さくなると仮定しよう．

このとき，$z$ の変化を支配する方程式は

$$\frac{dz}{dt} = (p - qz)z \tag{1.14}$$

である．

(1.14) によると $z$ が小さな正の値から出発すると，$p - qz$ が正の間は $z$ が増加する．$z$ が大きくなり $\frac{p}{q}$ に近づくと増殖率 $p - qz$ が 0 に近づく．(1.14) によれば，このとき $z$ の変化率が 0 に近づき，一種の**飽和現象**が起こることが期待される．本当にそのようになっていることが，以下に示すように (1.14) を実際に解いてみて確かめられる．

なお，微分方程式 (1.14) を**ロジスティック方程式**とよぶ．

さて，$z$ の初期条件を

$$z(0) = z_0 \tag{1.15}$$

とおく．(1.15) のもとで (1.14) を解くのが目標である．なお，このように微分方程式を初期条件のもとで解く問題を**初期値問題**とよぶ．

(1.14) は変数分離型の方程式である．変数分離型の方程式の解法 (→ 1.B

10    1 増殖の数理

項)を既習の読者は，復習をかねて計算を確かめてほしいが，未習の読者には，とりあえず結果の(1.18)を受け入れていただく．

(1.15)を考慮すれば，(1.14)より

$$\int_{z_0}^{z(t)} \frac{dz}{(p-qz)z} = \int_0^t dt \tag{1.16}$$

である．左辺を計算すると，

$$\begin{aligned}
\int_{z_0}^{z(t)} \frac{dz}{(p-qz)z} &= \int_{z_0}^{z(t)} \frac{1}{p}\left(\frac{1}{z} + \frac{q}{p-qz}\right) dz \\
&= \frac{1}{p}\Big[\log z - \log(p-qz)\Big]_{z=z_0}^{z=z(t)} \\
&= \frac{1}{p}\log\left(\frac{z(t)}{p-qz(t)} \cdot \frac{p-qz_0}{z_0}\right)
\end{aligned} \tag{1.17}$$

となる．したがって

$$c = \frac{z_0}{p-qz_0}$$

とおけば，(1.16)から $z=z(t)$ を定める等式

$$\frac{1}{p}\log\left(\frac{1}{c}\frac{z(t)}{p-qz(t)}\right) = t,$$

すなわち，

$$\frac{z(t)}{p-qz(t)} = ce^{pt}$$

が導かれる．これを $z(t)$ について解けば，$z(t)$ を表す結果

$$z(t) = \frac{pce^{pt}}{1+qce^{pt}} = \frac{pz_0e^{pt}}{p+qz_0(e^{pt}-1)} \tag{1.18}$$

が得られる．

(1.18)により $z(t)$ の変化を調べることができる．特に，$t\to\infty$ のときには

$$z(t) \to \frac{p}{q}$$

となること，すなわち，飽和が起こっていることがわかる．関数 $z$ のグラフを描くと，図1.1のような曲線となる．この曲線は成長曲線，あるいは，ロジスティック曲線とよばれる．

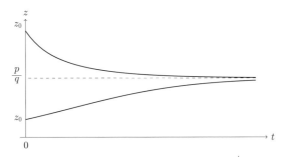

**図 1.1** ロジスティック曲線 $z(t) = \dfrac{pz_0 e^{pt}}{p + qz_0(e^{pt} - 1)}$

　この例のように非線形の方程式に従う増殖では飽和現象が起こり得るのであるが，逆に次節で説明するように，方程式によっては解が有限時間で無限大となる爆発現象が見られることがある．

## 1.6　初期値問題の解の爆発など

　簡単な方程式について説明しよう．まず，微分方程式

$$\frac{dz}{dt} = z^2 \tag{1.19}$$

を初期条件 $z(0) = \beta$ (ただし，$\beta > 0$) のもとで考える．

$$z(t) = \frac{\beta}{1 - \beta t} \tag{1.20}$$

であることは，変数分離法により自分で解いてみればわかる．あるいは，微分を実行し，かつ，$z(0)$ の値を計算する検算によって確かめてもよい．(1.20) によれば，$t=0$ のとき $z(0)=\beta$ から出発した解は，$t$ が増えるに従って増加し，$t \to \dfrac{1}{\beta}$ のとき $+\infty$ に発散する．このことを，解 $z = z(t)$ は有限時刻 $T = \dfrac{1}{\beta}$ において**爆発**(blow up)するといい，$t = T$ を爆発時刻とよぶ．

　もう一つの例を見てみよう．微分方程式

$$\frac{dz}{dt} = z^2 - 1 \tag{1.21}$$

の初期条件 $z(0) = z_0$ のもとでの解 $z = z(t)$ が $t \to \infty$ のときに，どのように振

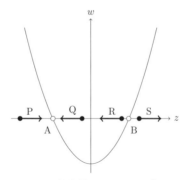

**図 1.2** 放物線 $w = f(z) = z^2 - 1$

る舞うかを考察する．

　まず，$z_0 = 1$ のときは，定数関数 $z(t) \equiv 1$ が初期値問題の解である[*3]．このように，時間 $t$ によらない解を**定常解**とよぶ．図 1.2 は $z$ 軸を横軸，$w$ 軸を縦軸としているが，記入された曲線は放物線 $w = f(z) = z^2 - 1$ である．初期値 $z_0 = 1$ のときの解が定常解であることは，図の点 B から出発した動点 $z = z(t)$ が動かないことを意味している．同様に $z_0 = -1$ に対応する点 A から出発した動点も動かない．しかし，A の左側にある点 P から出発した動点は，そこで $f(z)$ の値が正であり，その正の値が $\dfrac{dz}{dt}$ に等しい ($z = z(t)$ は微分方程式 (1.21) の解である) ので，$z$ は増加する．すなわち P から出発した動点は右に動く．そうして右に向かって動き続け，$t \to +\infty$ のとき，点 A に近づくのである．同時に A の右側 (しかし B の左側) にある点 Q から出発した動点は，そこでの $f(z)$ の値が負だから，左に動く．そうして $t \to +\infty$ のとき，右側から A に近づく．結局，初期値 $z_0$ が，$z_0 < 1$ を満たせば $z(t)$ は $t \to +\infty$ のとき $z = -1$ に漸近していく．

　最後に，動点が B の右側にある点から出発すれば，そこで $f(z)$ は正だから，動点は右に動き続ける．しかし，有限時間で $z(t) \to +\infty$ になる (すなわち爆発が起こる) かどうかは，計算してみないとわからない．実際，

---

[*3] $z(t) \equiv 1$ あるいは $z \equiv 1$ と書いたときは，$z$ は考えている区間で恒等的に 1 の値をとる定数関数であることを意味している．

$$\int_{z_0}^{z(t)} \frac{dz}{z^2-1} = \int_0^t dt = t \tag{1.22}$$

から $z(t)$ を解いてから検討してみてもよいが，(1.22)の左辺は $z \to +\infty$ のとき

$$\int_{z_0}^{\infty} \frac{dz}{z^2-1} = T \tag{1.23}$$

という有限値に収束する．言い換えれば，$t \to T$ のとき $z(t) \to +\infty$ となるのである．

　ついでながら，同じ定常解であっても，$z \equiv 1$ の左右から出発した解が $z \equiv 1$ から離れていくのに反して，$z \equiv -1$ の左右から出発した解はこの定常解に収束してくるのである(その考察には図 1.2 が有効であった)．このようなとき $z \equiv 1$ は**不安定な定常解**であり，$z \equiv -1$ は**安定な定常解**であるという．

## 問 題

**問 1.1**　時間 $t$ の関数 $u=u(t)$, $v=v(t)$ が，

$$\frac{du}{dt} = 5u, \quad u(0)=1, \qquad \frac{dv}{dt} = 2v, \quad v(0)=e$$

を満足しているとき，$u$ と $v$ の大きさが等しくなる時刻 $T$ を求めよ．

**問 1.2**　次の微分方程式と初期条件を満たす解 $z=z(t)$ の $t \to \infty$ に対する振る舞いを調べよ．

(1) $\dfrac{dz}{dt} = -3z+2, \quad z(0)=1.$

(2) $\dfrac{dz}{dt} = (3-z)(z-1), \quad z(0)=2.$

(3) $\dfrac{dz}{dt} = z(3-2z), \quad z(0)=1.$

**問 1.3**　$k$ を定数とする．微分方程式

$$\frac{dz}{dt} = kz - k^2 + 2$$

の任意の解 $z=z(t)$ が，$t \to \infty$ のときに，定数 1 に収束するような $k$ の値を求めよ．

**問 1.4**　自然対数の底 $e$ に関する次の 2 つの公式が同値であること(すなわち，一方か

14 1 増殖の数理

ら他方が導けること)を確かめよ.

$$
\text{(a)} \quad e = \lim_{n \to \infty} \left(1 + \frac{1}{n}\right)^n, \qquad \text{(b)} \quad \lim_{h \to 0} \frac{e^h - 1}{h} = 1.
$$

ただし,(a)における $n$ は,もともとの公式では整数を意味しているが,ここでは実数と考えてよい.

**問 1.5** 微分方程式

$$
\frac{dz}{dt} = z + z^3
$$

を初期条件 $z(0) = a$ のもとで考える.ただし,$a$ を正の定数とする.この解 $z = z(t)$ は有限の時刻で爆発する.爆発時刻 $T$ を求めよ.

## ノート

### 1.A 自然対数の底 $e$

微分積分学で既習の通り,自然対数の底 $e$ は,乗積極限式

$$
e = \lim_{n \to \infty} \left(1 + \frac{1}{n}\right)^n \tag{1.24}
$$

で特徴付けられる数である.また,この (1.24) は,

$$
\lim_{h \to 0} \frac{e^h - 1}{h} = 1 \tag{1.25}
$$

と同値である(→ 問 1.4).

これらを使うと,(1.7) の $L$ は,より直接的に計算できる.すなわち,定数 $a$ を,

$$
a = \frac{\log \alpha}{T} = \beta \log \alpha
$$

とすると,

$$
L = \lim_{h \to 0} \frac{e^{ah} - 1}{h} = \lim_{h \to 0} \frac{e^{ah} - 1}{ah} \cdot a = a = \frac{\log \alpha}{T}
$$

と計算できるのである.

さて,関数 $u(t) = e^t$ は次の微分方程式の初期値問題

$$\frac{du}{dt} = u, \tag{1.26}$$

$$u(0) = 1 \tag{1.27}$$

の解である．したがって，この微分方程式の解 $u(t)$ を用いて，$e = u(1)$ と表される．このことを用いて $e$ の乗積極限式(1.24)の動機付け(もっともらしさの説明)をしよう．そのための手段は後の章で，微分方程式の近似解法として本格的に解説する**差分法**である．差分法の出発点は「変域を小さな幅の小区間に分割し，各小区間では，未知関数の導関数を小区間の両端における関数値を用いた差分商(小区間における平均変化率のこと！)で置き換える」という発想である．

その方法を上の初期値問題に適用してみよう．変数の区間を

$$0 \leqq t \leqq 1$$

に制限して考える．まず，$n$ を正の整数として，この区間 $[0,1]$ を幅 $h = \dfrac{1}{n}$ の小区間に $n$ 等分し，両端を含む $n+1$ 個の分点を

$$t_0 = 0, \quad t_1 = h, \quad t_2 = 2h, \quad \ldots, \quad t_n = nh = 1$$

とおく．これらの分点(差分法では**節点**とよばれる)における解 $u$ の近似値を求めたい．それらを $u_0,\ u_1,\ u_2,\ \ldots,\ u_k,\ \ldots,\ u_{n-1},\ u_n$ とおく．まず，$u_0 = 1$ とする．初期条件(1.27)によりこれは正確な値である．そうして，微分方程式(1.26)を差分方程式

$$\frac{u_{k+1} - u_k}{h} = u_k \qquad (k = 0, 1, 2, \ldots, n-1) \tag{1.28}$$

で置き換える．

一般に差分方程式は，有限個の未知数 $\{u_{k+1}\}$ に対する連立方程式であり，その解を求めるには手間がかかるが，目下の(1.28)については，簡単である．すなわち(1.28)を

$$u_{k+1} = hu_k + u_k = (1+h)u_k \qquad (k = 0, 1, 2, \ldots, n-1)$$

と変形し，初期条件 $u_0 = 1$ から出発すれば

$$u_1 = (1+h)u_0 = (1+h),$$

$$u_2 = (1+h)^2 u_0 = (1+h)^2,$$

$$\vdots$$

$$u_k = (1+h)^k u_0 = (1+h)^k,$$

$$\vdots$$

$$u_n = (1+h)^n$$

が得られる．すなわち，$u_k$ は初項が1で公比が $1+h$ の等比数列である．特に，$u_n$ に対する結果を $h = \dfrac{1}{n}$ を代入した形で記せば

$$u_n = \left(1 + \frac{1}{n}\right)^n \tag{1.29}$$

となる．

さて，もとの微分方程式が格別の特異性をもたない限り，初期値問題に対する差分方程式の解 $\{u_k\}$ は，小区間の幅を0に近づけるにつれて真の解 $u$ に収束することが知られている．

いまの場合，$n$ が何であっても，右端の節点では $t_n = 1$ であるから，差分法による近似の収束性を信じれば $h = \dfrac{1}{n} \to +0$ のとき，右端の節点における近似値 $u_n$ は真の解 $u = e^t$ の $t = 1$ における値 $e^1 = e$ に近づくはずである．言い換えれば，$e$ の乗積極限式(1.24)は，初期値問題(1.26)，(1.27)の差分法による近似解の収束性に応ずるものであり，その意味でごく自然な公式なのである．

### 1.B　変数分離法

ロジスティック方程式(1.14)の解を求める際に，変数分離法を用いた．この方法は，一般に，

$$\frac{dz(t)}{dt} = f(z(t))g(t) \tag{1.30}$$

の形の微分方程式の解 $z = z(t)$ を見つけるために応用できる．ここで，$f(w)$ は $w$ の関数であるが，これに $t$ の関数 $z(t)$ を代入して，結果的に $t$ の関数

$f(z(t))$ を考えている。$g(t)$ は $t$ のみの関数である。微分方程式(1.30)の解のうち、初期条件

$$z(0) = z_0$$

を満たすものを求めよう。計算の便宜上、(1.30)において、$z$ の独立変数を $s$ に書き直して、

$$\frac{1}{f(z(s))} \cdot \frac{dz(s)}{ds} = g(s)$$

と書いておく。この両辺を $s$ について $0$ から $t$ まで積分すると、

$$\int_0^t \frac{1}{f(z(s))} \cdot \frac{dz(s)}{ds} \, ds = \int_0^t g(s) \, ds$$

となる。左辺の積分において、積分の変数を $w = z(s)$ と変換すると、$s$ が $0$ から $t$ まで変化するとき、$w$ は $z_0$ から $z(t)$ まで変化するから、

$$\int_{z_0}^{z(t)} \frac{1}{f(w)} \, dw = \int_0^t g(s) \, ds \tag{1.31}$$

となる。これが、1.5 節で登場した(1.16)である。あとは、両辺の積分を具体的に計算して、結果を $z(t)$ の式として表現すればよい。

なお、(1.30)の左辺の導関数を表す記号 $\dfrac{dz}{dt}$ を分数とみなし、$\dfrac{dt}{f(z)}$ を両辺に掛けて、

$$\frac{dz}{f(z)} = g(t) \, dt$$

と変形してから、左辺を $z$ について $z_0$ から $z(t)$ まで、右辺を $t$ について $0$ から $t$ まで積分しても、(1.31)と同じ等式が得られる(積分変数を表す記号が異なるが本質的な違いではない)。

例題を考えよう。$a$ と $k$ を定数として、$z = z(t)$ に対する微分方程式

$$\frac{dz}{dt} = az + k \tag{1.32}$$

を初期条件 $z(0) = z_0$ のもとで解く。(1.31)により、

$$\int_{z_0}^{z(t)} \frac{dz}{az + k} = \int_0^t dt$$

18    1  増殖の数理

であるが，この左辺は，

$$\int_{z_0}^{z(t)} \frac{dz}{az+k} = \frac{1}{a}\left[\log(az(t)+k) - \log(az_0+k)\right] = \frac{1}{a}\log\frac{az(t)+k}{az_0+k}$$

と計算できるので，

$$z(t) = \frac{1}{a}\left[(az_0+k)e^{at} - k\right]$$

となる．(1.12)は，これの特別な場合($k=0$)に相当する．

# 2
# 振動の数理

自然界には振動する現象が多い．すなわち，問題とする量や状態が時間とともに増加減少を繰り返し，ゆれ動く現象である．前章の「増殖の数理」では，時間とともに単調に変化する量が基本的であったが，振動の数理では，時間の周期関数として変化する量が主役である．本章では，振動現象の解法として基本的な 2 階の線形微分方程式について学びながら，振動の数理になじんでいこう．

## 2.1 自然界における振動現象

振動する現象を実験により実現することは簡単にできる．たとえば，図 2.1 のようにバネの一端 A を固定し，他端 B を引っ張ってから静かに離せば，B はつり合いの位置を中心に振動する．

また，U 字管の中の水面は，U 字管を傾けてから直立させると，上下に振動する（図 2.2）．

さらに，はじかれたバイオリンの弦の運動は振動であり，地震は地面の振動である．また，機械の装置には，振動を利用して働かせるもの，また逆に，本来の運動に望ましくない振動が伴ってしまうものが多く見られる．

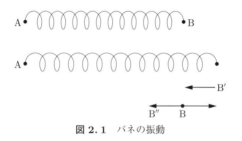

**図 2.1** バネの振動

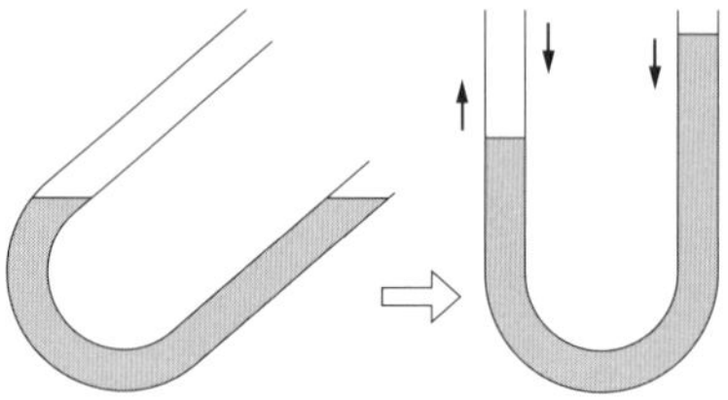

**図 2.2** U字管における振動

## 2.2 単振動

最も単純であり，基本的な振動は，次で表現される**単振動**である．
数直線上の動点 P の座標 $x$ が時間 $t$ の関数として，

$$x = x(t) = A\sin(\omega t + \delta)$$

の形に表されるとき，P は単振動をするという．ここで $A, \omega$ は正の定数であり，$A$ を**振幅**とよぶ．$\delta$ も定数である．$\omega$ が大きいと振動は速くなる．実際，

$$T = \frac{2\pi}{\omega}$$

とおくと，

$$x(t+T) = x(t),$$

すなわち，

$$A\sin\left(\omega\left(t+\frac{2\pi}{\omega}\right)+\delta\right) = A\sin(\omega t + \delta)$$

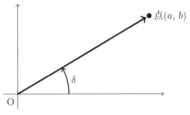

**図 2.3** 三角関数の合成

が成り立つ．このことを，$x = x(t)$ は**周期** $T$ の**周期関数**であると表現する．$\omega$ が大きくなれば周期は短くなり，単位時間の中に入る周期の数，すなわち，**振動数** $\dfrac{1}{T} = \dfrac{\omega}{2\pi}$ は大きくなる．

また，$a, b$ を任意の実数としたとき，

$$a\sin\omega t + b\cos\omega t = \sqrt{a^2 + b^2}\sin(\omega t + \delta)$$

と書くことができる．$\delta$ は図 2.3 で示される角である．したがって，

$$x(t) = a\sin\omega t + b\cos\omega t \tag{2.1}$$

を座標にもつ点の運動は単振動である．

## 2.3 ニュートンの力学の法則

実際の現象の中で起こる振動を数理的に解析する基礎は力学の法則，すなわち，**ニュートンの力学の法則**である．力学それ自身は物理学の一つの分野であるから，ここでは詳しいことは扱わない．

本章では，ごく簡単な場合について，力学の法則がどのように数式化されるか，また，それによって現象が数理的に解析される手順，すなわち数学を用いて現象の様子を明快に究めることができる事情を説明したい．

さて，数学で動点を考えるときには，点の位置だけに着目している．これに対し，力学で運動する動点を考えるときには，その点は質量をもっていると考える．このとき，その点は**質点**であるという．すなわち，力学で動点を考えるときには，きわめて小さな物体であって，その位置は点で表されるが，その点

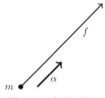

**図 2.4** 力学の法則

には質量が伴っていると考えるのである.

質点の質量は正数であり,それを表すのには,しばしば文字 $m$ が用いられる.これは質量を表す英語の mass からきている.なお,質量を測る基本の単位はキログラム(kg)である.また,地球上では,物体の質量と重さ(つまり,地球が引きつける力)とは比例するので質量が大きい物体は重い物体である.

さて,質量 $m$ をもつ質点 P を考えよう.質点に**力**が働くと質点は動く.その運動を定める法則が

$$m\alpha = f \qquad (2.2)$$

であることを,ニュートンは発見したのである.(2.2)において,$\alpha$ は質点 P の加速度で,$f$ は P に働く力である(図 2.4).力学の法則 (2.2) の発見は,物理学およびそれに基づく科学技術の成立をもたらし,ひいては,今日の文明を発展させたともいえる偉業であった.

一般に,質点の運動は(3次元の)空間で起こる.したがって,(2.2)における $\alpha$ や $f$ は,空間のベクトルとして扱わなければならない.

P の**位置ベクトル**を $r$ とすれば,P の加速度(加速度ベクトル) $\boldsymbol{\alpha}$ は,

$$\boldsymbol{\alpha} = \frac{d^2 \boldsymbol{r}}{dt^2} \qquad (2.3)$$

のように,$\boldsymbol{r}$ の時間による2次導関数である.なお,$\boldsymbol{r}$ の時間 $t$ による1次の導関数は P の速度ベクトル $\boldsymbol{v}$ である.すなわち,

$$\boldsymbol{v} = \frac{d\boldsymbol{r}}{dt}. \qquad (2.4)$$

(2.3)や(2.4)では,ベクトルの値をとる関数 $\boldsymbol{r}$,すなわち**ベクトル値関数** $\boldsymbol{r}$ を $t$ で微分している.ベクトル値関数を微分するのには,時刻 $t$ から時刻

$t + \Delta t$ までの平均変化率の，$\Delta t \to 0$ に際しての極限をとればよいが，ベクトルを成分を用いて表しているときには，**成分ごとに微分**すればよい．たとえば，位置ベクトルの成分を $x, y, z$ で表す，すなわち，

$$\boldsymbol{r} = \overrightarrow{\mathrm{OP}} = (x,\ y,\ z)$$

とおくと，次の表式が成り立つ．

$$\boldsymbol{v} = \frac{d\boldsymbol{r}}{dt} = \left( \frac{dx}{dt},\ \frac{dy}{dt},\ \frac{dz}{dt} \right),$$
$$\boldsymbol{\alpha} = \frac{d^2\boldsymbol{r}}{dt^2} = \left( \frac{d^2 x}{dt^2},\ \frac{d^2 y}{dt^2},\ \frac{d^2 z}{dt^2} \right).$$

このように，加速度や力がベクトルであると理解することは大切であるが，この章の以下の部分では 1 次元の運動だけを考えるので，ことさらベクトル記法を用いない．

すなわち，考える質点 P は $x$ 軸上を動くとし，その座標を $x$ と書く．このとき P の加速度 $\alpha$ は

$$\alpha = \frac{d^2 x}{dt^2}$$

で与えられる．力についても $x$ 軸に平行な力のみを考えるので，力は正負の実数 $f$ で表されることになる．

このように，$x$ 軸上を動く質点 P に対する力学の法則 (2.2) は，簡単に，

$$m\frac{d^2 x}{dt^2} = f \tag{2.5}$$

と書くことができる．

上のようにニュートンの力学の法則を表す方程式の右辺に文字 $f$ がよく使われるのは英語 force (力) から来ている．

## 2.4 簡 単 な 例

ニュートンの力学の法則 (2.5) を用いての解析になじむために，簡単な例を扱ってみよう．まず，$x$ 軸上を動く質量 $m$ の質点 P の運動を考察する．

24    2 振動の数理

**例 2.1** 質点に力が働かない場合を考える．(2.5)で $f=0$ とおけば

$$m\frac{d^2x}{dt^2} = 0$$

となるから，これより $v=\dfrac{dx}{dt}$ は定数である．例 1.2 ですでに見たように，これは等速直線運動を表している．すなわち，質点に力が働かないとき，その質点は一定の速度をもつ運動を行うのである．その一定の速度を $v_0$ とし，$t=0$ における初期座標を $x_0$ とすると，P の座標 $x$ は

$$x = x_0 + v_0 t$$

と書ける．                                                                 □

**例 2.2** 質点に一定の外力が働く場合を考えよう．例として，真上に投げ上げた質点 P の運動を考える．鉛直上方，すなわち，真上に向かって $x$ 軸をとる．質点 P には重力によって下向きの力が働くが，その大きさは $mg$ である．$m$ は質点 P の質量であり，$g$ は重力の加速度とよばれる物理定数である．力の大きさは $mg$ であるが，向きは下向きであるので，力学の法則(2.5)に用いるときは，$f=-mg$ として扱わねばならない(図 2.5)．したがって，(2.5)は，

$$m\frac{d^2x}{dt^2} = -mg$$

となる．ゆえに，$\dfrac{d^2x}{dt^2}=-g$ となるが，これは例 1.3 で見た等加速度運動であり，$x, v$ のそれぞれの初期値 $x_0, v_0$ を用いると

$$v = v_0 - gt, \qquad x = x_0 + v_0 t - \frac{1}{2}gt^2$$

と表現できる．                                                             □

**例 2.3** 速度 $v$ に比例する**抵抗**が働く場合を考える．すなわち，抵抗の大きさが $v$ の大きさに比例し，働く向きは運動を抑える向きに働くとする．式では

$$f = -\gamma v = -\gamma \frac{dx}{dt} \tag{2.6}$$

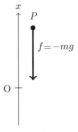

図 2.5 投げ上げ

と表される $f$ を用いることになる．$\gamma$ は正の定数である．(2.6)によれば，右側に向かって $x$ 軸をとったとすると確かに，$v>0\,(v<0)$ で質点が右に(左に)動いているときは，力は左向き(右向き)に働いている．(2.6)を，力学の法則(2.5)に用いると，

$$m\frac{dv}{dt} = -\gamma v, \quad \text{すなわち}, \quad \frac{dv}{dt} = -kv \tag{2.7}$$

が得られる．ただし，$k=\dfrac{\gamma}{m}$ とおいている．これは第 1 章で扱った微分方程式である．実際，$v$ の初期値を $v_0$ とすれば，(2.7)の解は，

$$v = v_0 e^{-kt}$$

で与えられる．$k>0$ であるから，これより，速度 $v$ の大きさは指数関数的に 0 に近づくことがわかる．

一方で，$v=\dfrac{dx}{dt}$ であるから，座標 $x$ の初期値を $x_0$ とすれば，

$$x = x_0 + \int_0^t v_0 e^{-kt}\,dt = x_0 + \frac{v_0}{k} - \frac{v_0}{k} e^{-kt} \tag{2.8}$$

が得られる．これより，$t\to +\infty$ のとき，すなわち，時間が限りなく経てば，質点 P は座標 $x_0+\dfrac{v_0}{k}$ の点に限りなく近づく．この点が P の終着点である(実際には，無限の時間をかけても到達しないが)． □

26　2　振動の数理

## 2.5　調和振動子

引き続き，$x$ 軸上を動く質量 $m$ の質点 P を考える．そして，働く力は，$k$ は正数として，

$$f = -kx \tag{2.9}$$

で表されるとする．

$x > 0$ のとき，すなわち，P が原点の右側にあれば，力 $f$ は左向きに働き，$x < 0$ で P が原点の左側にあれば力は右向きに働く（図 2.6）．確かに，(2.9) は原点に向かって押し戻す力であるから，原点の左右に振動する運動が起こることが期待される．(2.9) の $f$ を，力学の法則 (2.5) に代入すると

$$m\frac{d^2x}{dt^2} = -kx \tag{2.10}$$

となる．ここで，

$$\omega = \sqrt{\frac{k}{m}}$$

とおくと，(2.10) を，

$$\frac{d^2x}{dt^2} = -\omega^2 x \tag{2.11}$$

と書き直すことができる．この方程式の解を，初期条件

$$x(0) = x_0, \qquad v(0) = v_0 \tag{2.12}$$

のもとに求めれば，時間の関数としての座標 $x$ が定まるのである．

なお，(2.9) のような力が働く具体的な例としては，たとえば，本章のはじめに触れた，バネの動く端に質点を取りつけた問題，振れる幅が小さな振子の問題がある（図 2.7）．

さて，(2.11) の解を一般に考える前に

$$\varphi(t) = \sin\omega t, \qquad \psi(t) = \cos\omega t$$

のどちらもが (2.11) の解になっていることは，代入によって確かめられる．

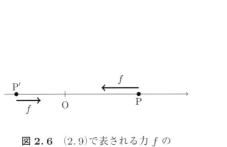
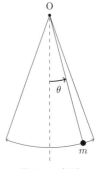

**図 2.6** (2.9)で表される力 $f$ の働く質点の運動

**図 2.7** 振子

この2つの基本的な解を用いると微分方程式(2.11)の一般解は $a, b$ を任意の定数として,

$$x = a\varphi(t) + b\psi(t) = a\sin\omega t + b\cos\omega t$$

で与えられる.

このように基本的な解が2つ見つかると，一般の解がそれらの定数倍の和，すなわち線形結合で表されることは，一般の2階の線形同次微分方程式について成り立つ．このような基本的な役割を果たす2つの解を，その微分方程式の(1組の)**基本解**という．

さて，いまの問題に戻り，初期条件(2.12)に適合するように上の定数 $a$ と $b$ を定めると，結果は

$$x(t) = x_0 \cos\omega t + \frac{v_0}{\omega}\sin\omega t$$

となる．これは，(2.1)と同じ形をしており，質点Pは単振動をすることがわかる．その振幅は $\sqrt{x_0{}^2 + \left(\dfrac{v_0}{\omega}\right)^2}$ であり，周期は

$$\frac{2\pi}{\omega} = 2\pi\sqrt{\frac{m}{k}}$$

である.

一般に，単振動する質点のことを**調和振動子**という．

最後に，質点Pが(2.10)に従って運動する間に，次の量 $J = J(t)$ がどのように変化するかを調べてみよう.

28    2 振動の数理

$$J = mv^2 + kx^2 = m\left(\frac{dx}{dt}\right)^2 + kx^2. \tag{2.13}$$

そのために $J$ を時間 $t$ で微分して，結果に $(2.10)$ を代入すれば，

$$\begin{aligned}
\frac{dJ}{dt} &= 2m\frac{dx}{dt}\cdot\frac{d^2x}{dt^2} + 2kx\cdot\frac{dx}{dt} \\
&= 2\frac{dx}{dt}\cdot(-kx) + 2kx\cdot\frac{dx}{dt} = 0
\end{aligned}$$

が全ての $t$ で成立する．すなわち，$J$ は時間によらず一定である．

実は，物理的には，$J(t)$ に $\frac{1}{2}$ を乗じたものが，力 $(2.9)$ のもとで運動する質量 $m$ の質点の**全エネルギー**

$$E = \frac{1}{2}mv^2 + \frac{1}{2}kx^2 \tag{2.14}$$

である．さらに，$(2.14)$ の右辺の $\frac{1}{2}mv^2$ が質点の運動エネルギーであり，$\frac{1}{2}kx^2$ が位置エネルギーに相当している．

上で得られた，$J(t)\equiv$ 一定 という結果は，いまの場合の**エネルギー保存**を示している．

## 2.6 2階線形微分方程式と特性根の方法

前節で扱った微分方程式をやや一般化した微分方程式

$$a\frac{d^2x}{dt^2} + b\frac{dx}{dt} + cx = 0 \tag{2.15}$$

について考える．$x = x(t)$ が求めるべき関数，$a,\ b,\ c$ は実数の定数であり，$a \neq 0$ を仮定する．

すなわち，微分方程式 $(2.15)$ は**定数係数の2階線形微分方程式**である．この微分方程式の解（基本解）を，

$$x(t) = e^{\lambda t} \tag{2.16}$$

とおいて探すのが，これから説明する**特性根の方法**である．定数 $\lambda$ の値をうまく定めることが当面の課題である．

2.6  2 階線形微分方程式と特性根の方法　　29

$x(t) = e^{\lambda t}$ を(2.15)に代入すると

$$(a\lambda^2 + b\lambda + c)e^{\lambda t} = 0 \qquad (2.17)$$

となる. すなわち, $x = e^{\lambda t}$ が(2.15)の解であるための条件は, $\lambda$ が 2 次方程式

$$a\lambda^2 + b\lambda + c = 0 \qquad (2.18)$$

の解であることである.

(2.18)を(2.15)の**特性方程式**といい, その解を**特性根**という.

簡単のために, ここでは特性方程式(2.18)が, 相異なる解 $\lambda_1$, $\lambda_2$ をもつ場合について説明する(重解をもつ場合については 2.A 項を参照). そうすると

$$e^{\lambda_1 t} \quad と \quad e^{\lambda_2 t}$$

が(2.15)の(1 組の)基本解となり, 任意の定数 $c_1$, $c_2$ を用いて, (2.15)の一般の解を

$$c_1 e^{\lambda_1 t} + c_2 e^{\lambda_2 t}$$

と表すことができるのである.

例 2.4　微分方程式

$$\frac{d^2 x}{dt^2} - \frac{dx}{dt} - 6x = 0 \qquad (2.19)$$

の特性方程式は $\lambda^2 - \lambda - 6 = 0$ であり, その解, すなわち, 特性根は $\lambda = -2, 3$ である. したがって $e^{-2t}$ と $e^{3t}$ は(2.19)の基本解である.　　　　□

微分方程式(2.15)に戻ろう. 問題とするのは特性根 $\lambda_1$, $\lambda_2$ が複素数になる場合である. このとき, 解 $e^{\lambda_1 t}$ と $e^{\lambda_2 t}$ の肩に乗っている数は複素数である. したがって, 複素数を変数とする指数関数の考察が必要となる. 複素変数の指数関数の正統的な学習は関数論の課題であるが, ここでは実用上の納得を主旨として簡単に説明しておく.

そもそも, $z$ を複素数としたときの指数関数 $e^z$ は,

30    2  振動の数理

$$e^z = \sum_{n=0}^{\infty} \frac{z^n}{n!} = 1 + z + \frac{z^2}{2!} + \frac{z^3}{3!} + \cdots \tag{2.20}$$

により定義される．これは，実数の指数関数 $e^x$ のテイラー展開[*1]（マクローリン展開[*2]）において，$x$ を $z$ に置き換えたものである．

(2.20)に従えば，$t$ を実数の変数，$\lambda$ を複素数の定数とするとき，$e^{\lambda t}$ の値は，

$$e^{\lambda t} = \sum_{n=0}^{\infty} \frac{(\lambda t)^n}{n!} = 1 + \lambda t + \frac{\lambda^2}{2!} t^2 + \frac{\lambda^3}{3!} t^3 + \cdots$$

で与えられる．

(2.20)により $e^z$ を定義すると，この関数は指数関数としてもつべき性質をそなえていることが確かめられるのである．すなわち，

$$\begin{cases} e^{z_1} \cdot e^{z_2} = e^{z_1 + z_2}, \\ e^0 = 1, \\ e^{-z} = \dfrac{1}{e^z} \end{cases} \tag{2.21}$$

が成り立つ．$z, z_1, z_2$ は任意の複素数である．

また，$e^z$ を $z$ で微分するときも (2.20) の右辺について項別微分が許され

$$\frac{d}{dz} e^z = e^z \tag{2.22}$$

が成り立つことが証明される．また，

$$\frac{d}{dt} e^{\lambda t} = \lambda e^{\lambda t} \tag{2.23}$$

も導かれる．

複素変数の指数関数で，特に大切なのは，変数が純虚数 $z = i\theta$ の場合である．ここで，$i = \sqrt{-1}$ は虚数単位，$\theta$ は実数である．実は，このとき，

$$e^{i\theta} = \cos\theta + i\sin\theta \tag{2.24}$$

---

*1  Brook Taylor 1685-1731.

*2  Colin Maclaurin 1698-1746.

が成り立つ. これは, **オイラーの公式**[*3]とよばれる. なお, この驚くべき公式の一つの証明をこの節の終わりに記しておく.

(2.24)の $\theta$ を, $-\theta$ で置き換えると,

$$e^{-i\theta} = \cos\theta - i\sin\theta \tag{2.25}$$

が得られる. (2.24)と(2.25)を足し合わせて2で割る, 差し引いて $2i$ で割ると, それぞれ

$$\cos\theta = \frac{e^{i\theta} + e^{-i\theta}}{2}, \quad \sin\theta = \frac{e^{i\theta} - e^{-i\theta}}{2i} \tag{2.26}$$

となり, 三角関数 $\sin\theta$ と $\cos\theta$ が, 純虚数の指数関数の組み合わせで表されることがわかる.

オイラーの公式を用いると, 一般の複素数 $\alpha + i\beta$ ($\alpha, \beta$ は実数) が $e$ の肩に乗ったときの値 $e^{\alpha+i\beta}$ を

$$e^{\alpha+i\beta} = e^{\alpha} \cdot e^{i\beta} = e^{\alpha}(\cos\beta + i\sin\beta) \tag{2.27}$$

とわかりやすい形に書き直すことができる.

さて, 微分方程式(2.15)に戻り, その特性方程式(2.18)を考える. すなわち, (2.18)の解 $\lambda_1, \lambda_2$ が共役複素数

$$\lambda_1 = \alpha + i\beta, \quad \lambda_2 = \alpha - i\beta \quad (\alpha, \beta \text{ は実数}, \ \beta \neq 0)$$

となる場合を考える.

このとき,

$$e^{(\alpha+i\beta)t} = e^{\alpha t}(\cos\beta t + i\sin\beta t),$$
$$e^{(\alpha-i\beta)t} = e^{\alpha t}(\cos\beta t - i\sin\beta t)$$

が解として得られるが, これらに対して, 足し合わせて2で割る, 差し引いて $2i$ で割るという操作をすると, 結果として実数値の関数

---

[*3]  Leonhard Euler 1707-1783.

32    2    振動の数理

$$e^{\alpha t}\cos\beta t \quad と \quad e^{\alpha t}\sin\beta t \tag{2.28}$$

が得られる．この 2 つの関数も (2.15) の基本解である．

例 2.5    微分方程式

$$\frac{d^2x}{dt^2}+2\frac{dx}{dt}+2x=0 \tag{2.29}$$

の特性方程式は $\lambda^2+2\lambda+2=0$ であり，その解は $\lambda=-1\pm i$ である．したがって，$e^{-t}\sin t$ と $e^{-t}\cos t$ が (2.29) の基本解である．   □

さて，後回しにしておいた，次の証明を述べる．

[オイラーの公式の証明]    オイラーの公式 (2.24) の証明を一つ紹介する．正統的な証明法は，関数論で学習するように，$e^{i\theta}$, $\sin\theta$, $\cos\theta$ のテイラー展開を用いるのであるが，ここでは別の方法を用いる．(2.23) より，

$$\frac{d}{d\theta}e^{-i\theta}=-ie^{-i\theta} \tag{2.30}$$

となる．次に，補助関数

$$g(\theta)=e^{-i\theta}(\cos\theta+i\sin\theta)$$

を導入する．(2.30) を用いて，$g$ を $\theta$ で微分すると

$$\frac{dg(\theta)}{d\theta}=-ie^{-i\theta}(\cos\theta+i\sin\theta)+e^{-i\theta}(-\sin\theta+i\cos\theta)=0$$

が得られる．ゆえに，$g(\theta)$ は $\theta$ によらない定数関数である．ところが，$g(0)=e^{-i0}(\cos 0+i\sin 0)=1\cdot(1+0)=1$ なので，全ての $\theta$ に対して，$g(\theta)=1$ である．よって

$$e^{-i\theta}(\cos\theta+i\sin\theta)=1$$

であるから，両辺に $e^{i\theta}$ を掛ければ，オイラーの公式 (2.24) が導かれる．   ∎

## 2.7 減 衰 振 動

調和振動子に，さらに速度の大きさに比例する抵抗が働いているものとする．前出の例 2.3 を思い出し，そこでの記号を用いよう．

この場合，質点に働く外力 $f$ は

$$f = -kx - \gamma v = -kx - \gamma \frac{dx}{dt}$$

である．ただし $\gamma$ は正の定数である．したがって，ニュートンの力学の法則 (2.5) は

$$m \frac{d^2 x}{dt^2} = -kx - \gamma \frac{dx}{dt}$$

となる．すなわち，移項すれば

$$m \frac{d^2 x}{dt^2} + \gamma \frac{dx}{dt} + kx = 0 \tag{2.31}$$

であり，この微分方程式に対し，特性根の方法を応用するわけである．

特性方程式は

$$m \lambda^2 + \gamma \lambda + k = 0$$

である．式を見やすくするために，

$$\kappa = \frac{\gamma}{2m}, \qquad \omega = \sqrt{\frac{k}{m}}$$

とおくと，特性方程式は

$$\lambda^2 + 2\kappa \lambda + \omega^2 = 0$$

となり，特性根 $\lambda_1, \lambda_2$ は

$$\lambda_1 = -\kappa + \sqrt{\kappa^2 - \omega^2}, \qquad \lambda_2 = -\kappa - \sqrt{\kappa^2 - \omega^2} \tag{2.32}$$

で与えられる．

いま，抵抗が小さめである場合，すなわち

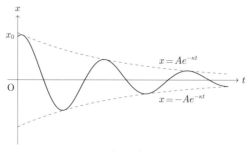

**図 2.8** (2.33)のグラフ

$$\kappa^2 < \omega^2$$

である場合を考える．このとき，$\lambda_1$ と $\lambda_2$ は複素数となり，互いに共役複素数である．実際，

$$\delta = \sqrt{\omega^2 - \kappa^2}$$

とおけば，

$$\lambda_1 = -\kappa + i\delta, \qquad \lambda_2 = -\kappa - i\delta$$

と書ける．この特性根を用いて，(2.28)に従うと次の基本解が得られる．

$$e^{-\kappa t}\sin\delta t \quad と \quad e^{-\kappa t}\cos\delta t.$$

$x$, $v$ のそれぞれの初期値を $x_0$, $v_0$ とし，それに適合するように係数を選べば，質点の座標 $x$ を表す式として

$$x(t) = e^{-\kappa t}\left(x_0\cos\delta t + \frac{v_0 + \kappa x_0}{\delta}\sin\delta t\right) \tag{2.33}$$

が得られる．(2.33)の $x$ のグラフを $t$ を横軸にとって描くと，たとえば，図2.8のようになる．ただし，$A = \sqrt{x_0{}^2 + \left(\dfrac{v_0 + \kappa x_0}{\delta}\right)^2}$ である．

このように，質点は振幅を減衰しながら原点の左右に振動する，すなわち，減衰振動をする．

一方で，$\gamma$ が大きくて，$\gamma^2 - 4mk \geqq 0$ となる場合にも，2.A項で述べる定理2.7を用いて解を求めることができ，この場合は，質点が振動せずに減衰する($\to$ 問 2.6)．

## 問　題

**問 2.1**　微分方程式 $x''+2x'+5x=0$ の初期条件 $x(0)=1$, $x'(0)=3$ を満たす解 $x=x(t)$ を表す式を求めよ.

**問 2.2**　$x$ 軸上の動点 P の座標 $x=x(t)$ が微分方程式 $x''+3x=0$, および初期条件 $x(0)=2$, $x'(0)=k$ を満たしている. ただし, $k$ は正数である. また, P の振動の振幅は 4 であるという. このとき, $k$ の値を求めよ.

**問 2.3**　$x$ 軸上を運動する動点 P の座標 $x=x(t)$ は微分方程式 $x''=-2x'$ と初期条件 $x(0)=0$, $x'(0)=6$ を満たすという. $t\to\infty$ のとき, 動点 P が限りなく近づいていく点 A の座標を求めよ.

**問 2.4**　$x$ 軸上を運動する動点 P の座標 $x=x(t)$ は微分方程式 $x''+4x=0$, および初期条件 $x(0)=2\sqrt{3}$, $x'(0)=4$ を満たすという. $t\geqq 0$ の範囲で動点 P が最初に原点を通過する時刻 $T$ を求めよ.

**問 2.5**　次の微分方程式の初期値問題の解 $x=x(t)$ を求めよ.

(1)　$x''-2x=0$,　$x(0)=2$,　$x'(0)=0$.

(2)　$x''+2x=0$,　$x(0)=1$,　$x'(0)=2$.

(3)　$x''+2x'+x=0$,　$x(0)=0$,　$x'(0)=1$.

(4)　$3x''+2x'-x=0$,　$x(0)=2$,　$x'(0)=2$.

**問 2.6**　$\gamma$, $m$, $k$ が $\gamma^2-4mk\geqq 0$ を満たす正定数のとき, 微分方程式

$$m\frac{d^2x}{dt^2}+\gamma\frac{dx}{dt}+kx=0 \tag{2.31}$$

の解を求めよ. また, 解 $x(t)$ が, $t\to\infty$ の際に, 振動せずに 0 に減衰することを確かめよ.

# ノ ー ト

## 2.A　特性根の方法への補足

2.6 節では, 微分方程式

$$a\frac{d^2x}{dt^2}+b\frac{dx}{dt}+cx=0 \tag{2.34}$$

36    2 振動の数理

について，特性方程式

$$a\lambda^2 + b\lambda + c = 0 \tag{2.35}$$

が異なる解をもつ場合を考察した．

　それでは，特性方程式(2.35)が，唯一の実数解(重解) $\lambda_1$ をもつ場合はどうすればよいであろうか？ 実際，このときには，解が $e^{\lambda_1 t}$ しか得られていないので，もう一つの解を探さねばならない．いま，(定数)$\times e^{\lambda_1 t}$ の形の関数が，解であることはわかっている．そこで，定数の部分を機械的に関数に置き換えて，もう一つの解を，

$$u(t)e^{\lambda_1 t}$$

の形で探してみる．すなわち，関数 $u(t)$ を，$u(t)e^{\lambda_1 t}$ が，(2.34)を満たすように求めるのである．このような解の求め方を，**定数変化法**とよぶ．実際，代入してみると，

$$a\frac{d^2 x}{dt^2} + b\frac{dx}{dt} + cx = \left[ a\frac{d^2 u}{dt^2} + (2\lambda_1 a + b)\frac{du}{dt} + (a\lambda_1^2 + b\lambda_1 + c)u \right] e^{\lambda_1 t}$$

となるが，$a\lambda_1^2 + b\lambda_1 + c = 0$ であり，さらに，解と係数の関係より $2\lambda_1 = -\dfrac{b}{a}$ なのだから，$u(t)e^{\lambda_1 t}$ が解になるためには，$\dfrac{d^2 u}{dt^2} = 0$ であればよい．このような関数の中で最も簡単なものとして，$u(t) = t$ を選ぼう($u(t) = 1$ を選ぶと $e^{\lambda_1 t}$ に戻ってしまう)．すなわち，もう一つの解として $te^{\lambda_1 t}$ が得られた．したがって，特性方程式(2.35)が，唯一の実数解(重解) $\lambda_1$ をもつ場合は，

$$e^{\lambda_1 t} \quad \text{と} \quad te^{\lambda_1 t}$$

が(1組の)基本解である．

例 2.6  微分方程式

$$\frac{d^2 x}{dt^2} + 6\frac{dx}{dt} + 9x = 0 \tag{2.36}$$

の特性方程式は $\lambda^2 + 6\lambda + 9 = 0$ であり，特性根は $\lambda = -3$ (重解)である．し

ノート　37

たがって $e^{-3t}$ と $te^{-3t}$ が(2.36)の基本解となる.　　　　　　　　　　□

ところで, (2.35)は実数係数の2次方程式であるから, 解は, 判別式 $D$ $=b^2-4ac$ の符号により, 次の3つの場合に分けられる.

(a)　$D>0$ のとき, 異なる2つの実数解 $\lambda_1, \lambda_2$ が存在する.

(b)　$D<0$ のとき, 複素数解 $\lambda_1=\alpha+i\beta$, $\lambda_2=\alpha-i\beta$ が存在する($\alpha$ と $\beta$ は実数で, $\beta\neq0$ である).

(c)　$D=0$ のとき, 唯一の実数解(重解) $\lambda_1$ が存在する.

2.6節の考察も含めて, いままでの考察を定理の形でまとめておこう.

---

**定理2.7**　定数係数の2階線形微分方程式(2.34)とその特性方程式 (2.35)を考える. $D=b^2-4ac$ とおく.

(a)　$D>0$ のとき, (2.35)には異なる2つの実数解 $\lambda_1, \lambda_2$ が存在し, (2.34)の一般解は,

$$x(t) = c_1 e^{\lambda_1 t} + c_2 e^{\lambda_2 t}$$

となる.

(b)　$D<0$ のとき, (2.35)には複素数解 $\lambda_1=\alpha+i\beta$, $\lambda_2=\alpha-i\beta$ が存在 し($\alpha$ と $\beta$ は実数で, $\beta\neq0$), (2.34)の一般解は,

$$x(t) = e^{\alpha t}(c_1 \sin \beta t + c_2 \cos \beta t)$$

となる.

(c)　$D=0$ のとき, (2.35)には唯一の実数解(重解) $\lambda_1$ が存在し, (2.34)の一般解は,

$$x(t) = c_1 e^{\lambda_1 t} + c_2 t e^{\lambda_1 t}$$

となる.

なお, 上記の(a), (b), (c)において, $c_1$ と $c_2$ は任意の定数を表す.

## 2.B 非同次の微分方程式

インダクタンス $L$ のコイル,抵抗値 $R$ の抵抗,容量 $C$ のコンデンサを直列に接続した電気回路を考える.回路に起電力 $E(t)$ を加えるとき,コンデンサに蓄積される電荷 $Q = Q(t)$ は,微分方程式

$$L\frac{d^2Q}{dt^2} + R\frac{dQ}{dt} + \frac{Q}{C} = E(t) \tag{2.37}$$

に従う.なお,回路を流れる電流 $I = I(t)$ と電荷の間には $I = \dfrac{dQ}{dt}$ の関係がある.

この例のように,微分方程式(2.15)を,

$$a\frac{d^2x}{dt^2} + b\frac{dx}{dt} + cx = f(t) \tag{2.38}$$

の形に一般化した微分方程式で記述できる物理現象も多い.ここで,$a, b, c$ は定数,$f(t)$ は $t$ の関数である.(2.38)の形の微分方程式を定数係数の2階線形**非同次**微分方程式という.これに対して,(2.15)は,定数係数の2階線形**同次**微分方程式とよばれる.

非同次方程式(2.38)の一般解は,

$$x(t) = \tilde{x}(t) + c_1\varphi(t) + c_2\psi(t)$$

で与えられる.ただし,$\varphi(t)$ と $\psi(t)$ は同次方程式(2.15)の基本解,$c_1$ と $c_2$ は任意の定数であり,さらに,$\tilde{x}(t)$ は(2.38)の解である.$\tilde{x}(t)$ としては見つけやすいものを一つ適当に選べばよい.

たとえば,正数 $\omega$ に対して,

$$x'' + \omega^2 x = \sin t \tag{2.39}$$

という非同次方程式の一般解を求めてみよう.対応する同次方程式の基本解は,$\sin\omega t$ と $\cos\omega t$ である.一方で,$A$ を定数として,$\tilde{x}(t) = A\sin t$ とおいてみて,(2.39)に代入すると,$-A\sin t + \omega^2 A\sin t = \sin t$,すなわち,$A(\omega^2 - 1) = 1$ を得る.したがって,$\omega \neq 1$ のとき,(2.39)の一般解は,

$$x(t) = \frac{1}{\omega^2 - 1}\sin t + c_1\sin\omega t + c_2\cos\omega t$$

で与えられる.

# 3
# 競合の数理

第1章では1種類の生物の増殖の数理を学んだ．そこでの典型的な結果の一つは，マルサスの法則であった．この章では，たとえば，2種類の生物が互いに影響し合って増殖する場合，すなわち，競合が存在する場合の増殖を数理的に考察しよう．簡単な場合，そのモデルは2つの未知関数に対する連立微分方程式の初期値問題になる．ベクトルを用いての見方を含め，このようなモデルになじみ，また，簡単な場合についてその解を求める方法を理解しよう．

## 3.1 一方的な影響がある場合

いまある地域に2種類の生物がすんでいるものとする．それぞれの個体数を $x = x(t)$, $y = y(t)$，また，増殖係数を $a$, $b$ で表す．もし，互いに影響を及ぼさないとすると，$x, y$ の変化は独立にマルサスの法則に従い，

$$\frac{dx}{dt} = ax, \qquad \frac{dy}{dt} = by \tag{3.1}$$

が成り立つ．考察を開始する最初の時刻 $t = 0$ において，

$$x(0) = x_0, \qquad y(0) = y_0 \tag{3.2}$$

であったとする．ここで，$x_0$ と $y_0$ は正の定数である．そうすると，その後の時刻における，$x, y$ は，

$$x(t) = x_0 e^{at}, \qquad y(t) = y_0 e^{bt}$$

で与えられる．これは2種類の生物おのおのが，すなわち，第1種，第2種が影響を及ぼさないとした場合である．

しかし，実際の生物どうしで考えると，その組み合わせによっては，相手の増加が自分たちの増殖に悪影響を及ぼすことがある．このような問題に対する簡単なモデルを調べてみよう．

まず，

$$\begin{cases} \dfrac{dx}{dt} = ax - cy, \\[2mm] \dfrac{dy}{dt} = by \end{cases} \tag{3.3}$$

で表される関係を考察する．ここで，係数 $c$ は正の定数とする．また，例外的な複雑さを避けるために，第1種，第2種のそれぞれの増殖係数 $a$, $b$ は異なっていると仮定する．

(3.3)の第1式を見ると，右辺に $-cy$ が登場しているので，$y$ が増えると $x$ の増加率は $cy$ だけ減る向きに影響を受けることがわかる．第2式の $\dfrac{dy}{dt}$ は $y$ のみで表され $x$ と関係していないから，第2種の生物は，$x$ の増減の影響を受けないで増殖している．

さて，$x$ と $y$ の初期条件を(3.2)とすると，まず，$y$ の初期値と(3.3)の第2式から $y$ が定まる．すなわち，

$$y(t) = y_0 e^{bt}$$

である．この $y$ を，(3.3)の第1式の右辺に代入すると，

$$\frac{dx}{dt} = ax - cy_0 e^{bt} \tag{3.4}$$

が得られる．右辺に $t$ が現れているが，(3.4)は未知関数 $x$ に関する単独の微分方程式である．これを初期条件 $x(0) = x_0$ のもとに解きたい．

このような方程式を解く定石は，やはり**定数変化法**とよばれる次の方法である．

その方法をやや一般的な形で説明するために，

$$\frac{dx}{dt} = ax + f(t) \tag{3.5}$$

という形の微分方程式を扱うことにする．$f(t)$ は与えられた $t$ の関数である．$f = 0$ のときに，(3.5) の解が，

$$x(t) = Ce^{at}$$

となることはわかっている．$C$ は任意の定数である．これをヒントにして，一般の場合に，(3.5) の解を

$$x(t) = C(t)e^{at} \tag{3.6}$$

とおいて探すのである．ただし，今度は，$C$ は定数でなく，$t$ の関数 $C = C(t)$ である．

実際，(3.6) を微分方程式 (3.5) に代入すると，

$$C'(t)e^{at} + C(t)ae^{at} = aC(t)e^{at} + f(t)$$

なので，

$$C'(t) = e^{-at}f(t)$$

が得られる．これを積分して，

$$C(t) = C(0) + \int_0^t e^{-as}f(s)\,ds$$

が出る．

初期条件を考えると，$x(0) = C(0)e^0 = C(0)$ だから，$C(0) = x_0$ にとればよい．結果として未知関数 $C(t)$ が，

$$C(t) = x_0 + \int_0^t e^{-as}f(s)\,ds \tag{3.7}$$

と定まる．

(3.7) の両辺に $e^{at}$ を掛けて，結局，方程式 (3.5) の初期条件を満足する解 $x(t)$ が，

42    3 競合の数理

$$x(t) = e^{at}x_0 + \int_0^t e^{a(t-s)}f(s)\,ds \tag{3.8}$$

で与えられることになる. (3.8)を**デュアメルの公式**[*1]とよぶことがある.

さて, 方程式(3.4)の考察に戻る. 上のやり方を,

$$f(t) = -cy_0 e^{bt}$$

として適用すればよい. 必要な積分計算を示すと,

$$\int_0^t e^{a(t-s)}(-cy_0 e^{bs})\,ds = -cy_0 e^{at}\int_0^t e^{(b-a)s}\,ds$$
$$= -\frac{cy_0}{b-a}(e^{bt}-e^{at})$$

となる. これを, (3.8)に用いれば, 最終的に $x(t)$ を表す式は,

$$x(t) = x_0 e^{at} - \frac{cy_0}{b-a}(e^{bt}-e^{at})$$
$$= \left(x_0 + \frac{cy_0}{b-a}\right)e^{at} - \frac{cy_0}{b-a}e^{bt} \tag{3.9}$$

である.

さて, 得られた式と現象をつき合わせて, 意味を考えてみよう.

たとえば, 第2種の増殖率 $b$ が負で, $y$ が減っていく場合を考える. また, $y$ の初期値 $y_0$ は, 正ではあるが十分小さいと仮定しよう. 一方, $a$ は正であるとしておく. 第2種の生物の個体数は $y(t) = y_0 e^{bt}$ であるが, この場合, $b$ が負であるから, この $y(t)$ は指数関数的に0に近づく. したがって, 十分に時間が経てば, (3.9)の式の最後の項が非常に小さくなるから, $x(t)$ は, およそ, 最初の項だけで表される. すなわち, $t \to \infty$ では, $x(t)$ は, ほとんど,

$$\left(x_0 + \frac{cy_0}{b-a}\right)e^{at} \qquad (t \to \infty)$$

と同じ挙動を示す. $x_0 + \dfrac{cy_0}{b-a} < x_0$ なので, これはちょうど, 第2種の生物の存在が第1種の生物の増殖に悪影響を与える様子は, 時間が十分に経った先では, 第1種だけが生息しているが, その初期条件が少し小さくなった場

---

[*1]　Jean-Marie Constant Duhamel 1797-1872.

合と類似であることを意味している.

いろいろな $a$ と $b$ の組み合わせがあるが,今度はたとえば,$b>0$ で,$b>a>0$ の場合を考える.

そうすると,もともと第2種は独立に増殖していくのであるが,$b$ が正であるから,第2種の生物の個体数 $y$ は,指数関数的に発散していく.それは $e^{bt}$ の速さで大きくなるから,$e^{at}$ の速さで大きくなる量よりもずっと速く増大する.(3.9)の $x(t)$ を表す式では,最後の項である

$$-\frac{cy_0}{b-a}e^{bt}$$

が絶対値において一番速く大きくなる項である.この前の項は,いずれ後ろの項に追い抜かれてしまう.これを式でいえば,$x(t)$ の値が0になる $t$ の有限な値 $T$ が存在するということになる.実際に,(3.9)の最後の辺を0とおいて,$x(t)$ が0となる時間 $T$ を求めると,

$$T = \frac{1}{b-a}\log\left(1+\frac{(b-a)x_0}{cy_0}\right) \tag{3.10}$$

となる.

時刻 $t=T$ の後も,(3.9)で与えられる $x(t)$ は,もちろん微分方程式の解ではある.しかし,$x(t)$ が第1種の生物の個体数を表しているという,いま考えているモデルに関しては,$x(t)$ が負になってしまうことは,その時刻以後,モデルが適用できないことを意味している.

言い換えると,$b$ が $a$ よりも大きい場合には,(3.10)で与えられた $T$ が,第1種の生物が絶滅するまでの時間であり,第1種および第2種の生物たちの個体数の変化を記述するモデルとして,(3.3)の連立微分方程式が適用されるのは,時間 $T$ までであるということになる.

## 3.2 互いに影響がある場合——特性根を用いる解析

第1種,第2種の生物のそれぞれの増殖が互いに影響し合う場合を解析しよう.このときは,$x, y$ の変化を表す微分方程式は,

44    3　競合の数理

$$\begin{cases} \dfrac{dx}{dt} = ax - cy, \\[3mm] \dfrac{dy}{dt} = by - dx \end{cases} \tag{3.11}$$

のようになる.

　今度は $y$ も，相手の生物が増えると，増殖率に影響を受ける形になっている．以後は，できるだけ一般的に議論をするために，$a, b, c, d$ は任意の定数としよう.

　上の連立微分方程式を $x$ と $y$ の初期条件のもとに解くことが，問題を数理的に解析することになる．ここでは，時間がずっと経過したとき，すなわち $t$ が大きくなったときの両生物の増殖の様子，言い換えれば，解の漸近的な振る舞いを主として調べることにする.

　さて，$x$ が求まれば，(3.11)の第 1 式から $y$ は，

$$y(t) = \frac{1}{c}\left(ax - \frac{dx}{dt}\right) \tag{3.12}$$

と直ちに計算できるので，$x$ を求めることを考えればよい．そのために，(3.11)から $y$ を消去して $x$ のみの微分方程式を導く．まず，(3.11)の第 1 式を微分して，結果に第 2 式と（微分する前の）第 1 式を代入すると，

$$\begin{aligned} \frac{d^2x}{dt^2} &= a\frac{dx}{dt} - c\frac{dy}{dt} \\ &= a\frac{dx}{dt} - c(by - dx) \\ &= a\frac{dx}{dt} + b\left(\frac{dx}{dt} - ax\right) + cdx, \end{aligned}$$

すなわち，

$$\frac{d^2x}{dt^2} - (a+b)\frac{dx}{dt} + (ab - cd)x = 0 \tag{3.13}$$

を得る.

　この微分方程式の解を，2.6 節で説明した特性根の方法を用いて求めてみよう．まず，特性方程式は，

$$\lambda^2 - (a+b)\lambda + (ab - cd) = 0 \tag{3.14}$$

である. 2.6 節の考察により, この特性方程式の解 $\lambda_1, \lambda_2$ に応じて, (3.13) の一般解の形が決まる.

まず, $\lambda_1, \lambda_2$ が異なる実数のとき, (3.13)の解は,

$$x(t) = c_1 e^{\lambda_1 t} + c_2 e^{\lambda_2 t}$$

となる. $c_1$ と $c_2$ は, 初期条件(3.2)を満たすように決める定数である. この式をもとに, $t \to \infty$ の際の解の漸近的な振る舞いを調べよう. $\lambda_1$ と $\lambda_2$ の符号がともに負ならば, $c_1$ と $c_2$ が何であっても(初期値が何であっても), $t \to \infty$ のとき, $x(t) \to 0$ となる. このとき, $\dfrac{dx}{dt}(t) \to 0$ でもあるので, (3.12)により, $y$ も $y(t) \to 0$ となる.

$\lambda_1, \lambda_2$ が共役複素数 $\lambda_1 = \alpha + i\beta$, $\lambda_2 = \alpha - i\beta$ ($\alpha, \beta$ は実数) のとき, (3.13) の解は,

$$x(t) = e^{\alpha t}(c_1 \sin \beta t + c_2 \cos \beta t)$$

となる. この場合は, $\alpha < 0$ のとき, すなわち, 特性根の実部が負であれば, 初期値が何であっても, $t \to \infty$ のとき, $x(t) \to 0$ かつ $y(t) \to 0$ となる.

$\lambda_1 = \lambda_2$ の場合は, $\lambda_1 < 0$ であるならば, 初期値が何であっても, $t \to \infty$ のとき, $x(t) \to 0$ かつ $y(t) \to 0$ となることが示せる(→ 2.A 項の定理 2.7).

以上のことを, 定理の形でまとめておこう.

> **定理 3.1** 連立微分方程式の初期値問題(3.11), (3.2)の解 $x(t)$ と $y(t)$ が, 初期値が何であっても, $t \to \infty$ のときに, ともに 0 に収束する条件は, 特性方程式(3.14)の解の実部が負になることである(もちろん, 特性根が実数の場合は, それ自体が負であればよい).

## 3.3 互いに影響がある場合——行列を用いる解析

(3.11)の形の連立微分方程式を解析する際には, これから説明するように,

ベクトルおよび行列の記法を用いるのが便利である. また, ベクトルと行列を用いた表記に基づく解析は, 未知関数が, さらに 3 つ 4 つと増えた際に直接の応用が可能である.

2 つの未知関数 $x, y$ を並べて成分とした未知ベクトル関数 $\boldsymbol{u} = \boldsymbol{u}(t)$ を,

$$\boldsymbol{u} = \boldsymbol{u}(t) = \begin{pmatrix} x(t) \\ y(t) \end{pmatrix}$$

により導入する. 一方で, (3.11)の右辺の係数を並べた行列

$$A = \begin{pmatrix} a & -c \\ -d & b \end{pmatrix} \tag{3.15}$$

を定める. そうすると,

$$\frac{d\boldsymbol{u}(t)}{dt} = A\boldsymbol{u}(t) \tag{3.16}$$

によって, 連立微分方程式(3.11)が表される. 初期条件もベクトルの形で,

$$\boldsymbol{u}(0) = \boldsymbol{u}_0 = \begin{pmatrix} x_0 \\ y_0 \end{pmatrix} \tag{3.17}$$

のように書ける.

(3.16)の形の微分方程式を扱う際には, 行列 $A$ の**固有値 $\lambda$** と**固有ベクトル $\boldsymbol{\phi}$** が重要である. これらは,

$$A\boldsymbol{\phi} = \lambda\boldsymbol{\phi}, \qquad \boldsymbol{\phi} \neq \boldsymbol{0}$$

によって定められる. ここでは, $\boldsymbol{0}$ は成分が全て 0 のベクトル, すなわち, 零ベクトルを表す. 線形代数学で学んだように, $A$ の固有値は, $A$ の**固有方程式**

$$\Phi_A(\lambda) = \begin{vmatrix} \lambda - a & c \\ d & \lambda - b \end{vmatrix} = \lambda^2 - (a+b)\lambda + ab - cd = 0 \tag{3.18}$$

の解である. なお, この方程式は先ほど出てきた(3.13)の特性方程式(3.14)

にほかならない．すなわち，先ほどと同様に，次の3つの場合が考えられる．

(a) 異なる2つの実数解 $\lambda_1, \lambda_2$ が存在する．

(b) 複素数解 $\lambda_1 = \alpha + i\beta$, $\lambda_2 = \alpha - i\beta$ が存在する（$\alpha$ と $\beta \neq 0$ は実数）．

(c) 実数の重解 $\lambda_1$ が存在する．

ここでは，(a)と(b)の場合のみ詳しく見ていこう．すなわち，$A$ に異なる2つの固有値 $\lambda_1, \lambda_2$ が存在する場合を扱う．$\lambda_1, \lambda_2$ に対応する固有ベクトルを $\boldsymbol{\phi}_1, \boldsymbol{\phi}_2$ とする．すなわち，

$$A\boldsymbol{\phi}_1 = \lambda_1 \boldsymbol{\phi}_1, \qquad A\boldsymbol{\phi}_2 = \lambda_2 \boldsymbol{\phi}_2 \tag{3.19}$$

である．

いま，初期条件 $\boldsymbol{u}_0$ が，$\boldsymbol{\phi}_1$ と $\boldsymbol{\phi}_2$ を用いて，

$$\boldsymbol{u}_0 = c_1 \boldsymbol{\phi}_1 + c_2 \boldsymbol{\phi}_2 \tag{3.20}$$

と表されるように，定数 $c_1, c_2$ を定める．

そうすると，次の定理で述べるように，初期値問題(3.16), (3.17)を満たす解が簡単につくられる．

**定理 3.2** 行列 $A$ が異なる2つの固有値 $\lambda_1, \lambda_2$ をもつとき，初期値問題 (3.16), (3.17)の解は，

$$\boldsymbol{u}(t) = c_1 e^{\lambda_1 t} \boldsymbol{\phi}_1 + c_2 e^{\lambda_2 t} \boldsymbol{\phi}_2 \tag{3.21}$$

で与えられる．ただし，定数 $c_1, c_2$ は(3.20)を満たすものである．

［証明］ この定理の証明は，検算することでなされる．いま，$t = 0$ とおくと，(3.21)の右辺は(3.20)と一致するから，初期条件が成り立つことがわかる（むしろ，そのように $c_1, c_2$ を選んだのである）．

微分方程式を満たすかどうかは，計算を実行して確かめてみればよい．まず，

$$\frac{d\boldsymbol{u}}{dt} = c_1 \lambda_1 e^{\lambda_1 t} \boldsymbol{\phi}_1 + c_2 \lambda_2 e^{\lambda_2 t} \boldsymbol{\phi}_2$$

である．さらに，(3.19)を用いれば，

$$Au = c_1 e^{\lambda_1 t} A\phi_1 + c_2 e^{\lambda_2 t} A\phi_2 = c_1 e^{\lambda_1 t} \lambda_1 \phi_1 + c_2 e^{\lambda_2 t} \lambda_2 \phi_2$$

も得られる. これらの右辺が一致するので, (3.16)の成立が確かめられ, 定理の証明が完了した. ∎

さて, 定理3.2によると, $\lambda_1$ と $\lambda_2$ がともに実数であり, その符号がともに負であれば, 初期値が何であっても,

$$u(t) \to \mathbf{0} \qquad (t \to \infty) \tag{3.22}$$

が成り立つ. 次に, $\lambda_1$ と $\lambda_2$ が複素数のとき, すなわち, $\lambda_1 = \alpha + i\beta$, $\lambda_2 = \alpha - i\beta$ ($\alpha$ と $\beta \neq 0$ は実数) の形のときを考える. このとき, オイラーの公式により,

$$e^{\lambda_1 t} = e^{\alpha t} \cdot e^{i\beta t} = e^{\alpha t}(\cos \beta t + i \sin \beta t)$$

なので, $\alpha < 0$, すなわち, $\lambda_1$ の実部が負ならば, $t \to \infty$ のとき, $c_1 e^{\lambda_1 t}\phi_1 \to \mathbf{0}$ となる. つまり, $\lambda_1$ と $\lambda_2$ の実部が負ならば, (3.22)が成り立つのである.

行列 $A$ の固有値がただ一つだけの場合にも, 同様のことが確かめられる (→3.A項). まとめると, 定理3.1と同等な次の定理が得られるのである.

> **定理3.3** 微分方程式の初期値問題(3.16), (3.17)の解 $u(t)$ が, 初期値 $u_0$ が何であっても, $t \to \infty$ のときに, $\mathbf{0}$ に収束する条件は, 行列 $A$ の全ての固有値の実部が負になることである.

全ての固有値といっても, $2 \times 2$ 行列であるから, 固有値は2つしかないが, 定理の主張それ自体はもっと未知数が多い場合にも適用できるので上のような表現をとった.

固有値の符号が異なっているときには, 時間無限大でどのようになるか. (3.21)に戻って考えてみると, たとえば, $\lambda_1$ の実数部分が正で, $\lambda_2$ の実数部分が負であったら, 時間が経つに従って, (3.21)の右辺の第2項は $\mathbf{0}$ に近づき, 第1項が主要部分になる. 時間が経つに従って, 第1項が大勢を定めるわけである.

## 3.4 軍拡競争のモデル

少し話題を変えて，2つの国の間の軍備拡張の競争のモデルに話を移そう．

2つの国 X，Y があり，それぞれに相手を意識して軍備をするという状況を思い浮かべる．そうして，それぞれの国の軍備のレベルを $x, y$ で表すことにする．

軍備のレベルといっても，どのように量的に表現されるかという問題は難しい．ここでは，たとえば軍備につぎ込まれた費用で表すといった方法で数量化されているものとする．

ここでの解析は，非常に簡単なモデルを考えているので，現実の2つの国の軍拡競争がこれで表されるわけではない．それでも，数理的に軍備の競争をとらえるのには，どのようなモデル・考え方が可能かという端緒を示すには役立つだろう．

以下では，$x$ と $y$ を時間 $t$ の関数と考える．

さて，$\dfrac{dx}{dt} > 0$ である場合には，X 国の軍備のレベルが時間とともに増強されている．それに対して，$\dfrac{dx}{dt} < 0$ であれば，X 国は軍備を縮小中ということになる．

そして，いま，$x, y$ の変化が微分方程式

$$\begin{cases} \dfrac{dx}{dt} = ky - ax + g, \\[2mm] \dfrac{dy}{dt} = lx - by + h \end{cases} \tag{3.23}$$

で表されているとする．ここに登場した $k, l, a, b, g, h$ はいずれも正の定数であるとしておく．

軍備拡張の競争モデルを与える上の連立微分方程式をリチャードソンのモデル[*2]という．ただし，ここで取り上げたのは，彼自身，および他の人達によって提案されたモデルのうち一番簡単なものである．

まず，(3.23)における $k$ と $l$ に着目する．$k$ が正なので，$y$ が増えると $\dfrac{dx}{dt}$

---

[*2] Lewis Fry Richardson 1881-1953.

が増える効果をもつ. $l$ については, $x, y$ の立場が入れ替わる. すなわち, $k$, $l$ を含む項は, 相手国の軍備のレベルに応じて, 自分の国の軍備のレベルを上昇させる傾向に対応している.

一方, (3.23) の第 1 式における $-ax$ の項を見てみよう. これは, $x$ を大きくすると, そのこと自体が $\dfrac{dx}{dt}$ を抑える効果をもつことを意味している. つまり, 軍備を拡張することは, 社会・国力の負担になり疲弊を伴うので, いずれ, 軍備拡張の速度を鈍化させることを表している.

同じ式の $g$ は相手国および自分の国のその時点での状況とは関係なしに定率で軍備のレベルを上昇させる部分を表している.

(3.23) の第 2 式の各項についても, $\dfrac{dy}{dt}$, すなわち Y 国の軍拡速度を定める要因についても同様の考察が可能である.

さて, この連立方程式をベクトルの形に書くと,

$$\frac{d\boldsymbol{u}(t)}{dt} = A\boldsymbol{u}(t) + \boldsymbol{f} \tag{3.24}$$

になる. ただし,

$$\boldsymbol{u}(t) = \begin{pmatrix} x(t) \\ y(t) \end{pmatrix}, \quad A = \begin{pmatrix} -a & k \\ l & -b \end{pmatrix}, \quad \boldsymbol{f} = \begin{pmatrix} g \\ h \end{pmatrix}$$

とおいている.

まず, $\boldsymbol{f} = \boldsymbol{0}$ の場合を考える. そうすると, 方程式が,

$$\frac{d\boldsymbol{u}(t)}{dt} = A\boldsymbol{u}(t) \tag{3.25}$$

と簡単な形になり, 先ほどの解析が適用できる. それにより, 固有値の実部が負となり解が $t \to \infty$ で $\boldsymbol{0}$ になるための条件を求めてみよう.

上の $A$ の固有値を定める固有方程式は,

$$\Phi_A(\lambda) = \begin{vmatrix} \lambda + a & -k \\ -l & \lambda + b \end{vmatrix} = \lambda^2 + (a+b)\lambda + ab - kl = 0 \tag{3.26}$$

となる.

この方程式の解の実部の符号を調べる. 実数解の場合を考えると, $\lambda$ の係数

$a+b$ が正であるから，あとは定数項 $ab-kl$ が正になっていると，解と係数の関係により，2つの実数解は負になるはずである．複素数解になるとしても，$a+b$ が正であるから，実部は必ず負になる．

実数解の場合，2つの解が負となるための条件，

$$ab - kl > 0$$

を検討してみよう．これで見ると，積 $ab$ が積 $kl$ よりも大きければ，固有値 $\lambda_1, \lambda_2$ が負になって，解 $\boldsymbol{u}(t)$ は時間の経過とともに $\boldsymbol{0}$ に減衰していく．すなわち，軍備のレベルが $0$ に近づくことがわかる．

つまり，このモデルでは，$ab-kl$ が正であるならば，すなわち，相手の軍備に対する恐怖から軍備を増強する係数の積 $kl$ に比較して，疲弊により軍備拡張を抑制する係数の積 $ab$ が大きいと，両国の軍備は結局は縮小していくことになる．

最後に，定数の部分 $\boldsymbol{f}$ が $\boldsymbol{0}$ とは限らない場合を簡単に見ておく．ただし，$A$ の固有値の実数部分はともに負であるものとする．

まず，$\boldsymbol{f} \neq \boldsymbol{0}$ の場合の定常解を問題にしよう．それは，(3.24)で，$\dfrac{d\boldsymbol{u}(t)}{dt} = \boldsymbol{0}$ とおいた方程式の解である．特にこの解を $\boldsymbol{v}_0$ と書くことにする．すなわち，定常解 $\boldsymbol{v}_0$ は，

$$A\boldsymbol{v}_0 + \boldsymbol{f} = \boldsymbol{0} \tag{3.27}$$

を満たす．

これから示したいことは，$A$ の固有値の実部が負の場合には，両国の軍備のレベルを表している関数 $\boldsymbol{u}(t)$ が時間 $t$ を無限大にしたとき，この定常解に近づいていくという事実である．

そのために，

$$\boldsymbol{w}(t) = \boldsymbol{u}(t) - \boldsymbol{v}_0 \tag{3.28}$$

とおく．そして，(3.24)と(3.27)を用いて，$\boldsymbol{w}(t)$ の満たす方程式を調べると

$$\frac{d\boldsymbol{w}(t)}{dt} - A\boldsymbol{w}(t) = \frac{d\boldsymbol{u}(t)}{dt} - \frac{d\boldsymbol{v}_0}{dt} - A\boldsymbol{u}(t) + A\boldsymbol{v}_0$$

$$= \left( \frac{d\boldsymbol{u}(t)}{dt} - A\boldsymbol{u}(t) \right) + A\boldsymbol{v}_0$$

$$= \boldsymbol{f} + A\boldsymbol{v}_0 = \boldsymbol{0}$$

となる. すなわち,

$$\frac{d\boldsymbol{w}(t)}{dt} = A\boldsymbol{w}(t) \tag{3.29}$$

が成り立つことがわかる.

未知関数が $\boldsymbol{w}(t)$ で書かれているが, 微分方程式としては (3.29) と (3.25) は同じである. したがって, いまの仮定のもとでは, どんな初期値に対しても $t \to \infty$ につれて, $\boldsymbol{w}(t)$ は $\boldsymbol{0}$ に近づく. $\boldsymbol{w}(t)$ が $\boldsymbol{0}$ に近づくことは, $\boldsymbol{u}(t)$ が $\boldsymbol{v}_0$ に近づくことを意味している. すなわち, 非定常の解 $\boldsymbol{u}(t)$ が定常解 $\boldsymbol{v}_0$ に近づくことが示されたのである.

## 問 題

**問 3.1** $xy$ 平面の動点 P $(x, y)$ の座標 $x, y$ が微分方程式

$$\frac{d}{dt} \begin{pmatrix} x \\ y \end{pmatrix} = \begin{pmatrix} -1 & -\sqrt{3} \\ \sqrt{3} & -1 \end{pmatrix} \begin{pmatrix} x \\ y \end{pmatrix}$$

と初期条件 $x(0) = 2$, $y(0) = 1$ を満たしている. このとき, 原点から P までの距離の平方 $r^2 = x^2 + y^2$ を $t$ の関数として表せ.

**問 3.2** $xy$ 平面の動点 P$(x, y)$ の座標 $x, y$ が微分方程式

$$\frac{d}{dt} \begin{pmatrix} x \\ y \end{pmatrix} = \begin{pmatrix} -5 & k \\ 1 & 1 \end{pmatrix} \begin{pmatrix} x \\ y \end{pmatrix}$$

に従って変化している. P の初期位置がどこにあっても, $t \to \infty$ のとき, P が原点に限りなく近づいていくような定数 $k$ の範囲を求めよ.

**問 3.3** $xy$ 平面の動点 P$(x, y)$ の座標 $x, y$ が時間 $t$ を変数とする微分方程式

$$\frac{dx}{dt} = x - y, \qquad \frac{dy}{dt} = 2x - y$$

に従って変化している. $t=0$ から動き始める P の初期位置は点 A$(1,1)$ である. いま, P が動き始めてから, はじめて $y$ 軸を横切る位置を点 B$(0,b)$ とするとき, $b$ の値を求めよ(ヒント:$x,y$ を $t$ で表すためには, 未知関数を $X=x$, $Y=y-x$ により, $x,y$ から $X,Y$ に変換するとよい).

**問 3.4** 次の微分方程式の解 $x=x(t)$ を求めよ.

(1) $x' = -ax + \cos bt$, $x(0) = 0$ ($a, b$ は正定数).

(2) $x' = -x + t \sin t$, $x(0) = 1$.

**問 3.5** 次の微分方程式の解 $x(t), y(t)$ を求めよ.

(1) $\begin{cases} x' = -x + 3y, \\ y' = -2y, \end{cases}$ $\quad x(0) = 1, \quad y(0) = 1$.

(2) $\begin{cases} x' = -4x + 2y, \\ y' = -8x + 6y, \end{cases}$ $\quad x(0) = 2, \quad y(0) = -1$.

## ノート

### 3. A 行列の指数関数

スカラー値の微分方程式 $\dfrac{dx(t)}{dt} = ax(t)$ を解く際に, 指数関数 $e^{at}$ が重要であったのと同様に, (3.15)で定義される行列 $A$ に対して, 微分方程式

$$\frac{d\boldsymbol{u}(t)}{dt} = A\boldsymbol{u}(t) \tag{3.16}$$

を解く際には, **行列の指数関数** $e^{tA}$ が有用である. これは,

$$e^{tA} = \sum_{k=0}^{\infty} \frac{t^k A^k}{k!} = I + tA + \frac{t^2 A^2}{2!} + \frac{t^3 A^3}{3!} + \cdots \tag{3.30}$$

で定義される行列である. ただし,

$$I = \begin{pmatrix} 1 & 0 \\ 0 & 1 \end{pmatrix}$$

は単位行列を表している．$A$ をあたかも定数のように考え，(3.30)の両辺を $t$ で微分すると，

$$\frac{d}{dt}e^{tA} = A + tA^2 + \frac{t^2}{2!}A^3 + \cdots \tag{3.31}$$
$$= A\left(I + tA + \frac{t^2}{2!}A^2 + \cdots\right) = Ae^{tA}$$

が成り立つ．さらに，零行列

$$O = \begin{pmatrix} 0 & 0 \\ 0 & 0 \end{pmatrix}$$

に対して，

$$e^O = e^{t \cdot O} = I$$

なので，

$$\boldsymbol{u}(t) = e^{tA}\boldsymbol{u}_0 \tag{3.32}$$

とおくと，これは，微分方程式(3.16)と初期条件(3.17)を満たす．すなわち，(3.32)が求めたい初期値問題の解である．

これで，目的の問題は解けたことになるが，しかし，ここから直接に解の挙動の具体的な情報を得るのはむずかしい．そこで，この表示をもとに，もう少し詳しい解析に踏み込んでいこう．そのために，$A$ の固有値と固有ベクトルを利用する．

まず，$A$ が相異なる固有値 $\lambda_1$ と $\lambda_2$ をもつ場合を考える．このとき，任意の非負の整数 $k$ に対して，

$$A^k \boldsymbol{\phi}_1 = A^{k-1}(A\boldsymbol{\phi}_1) = \lambda_1 A^{k-1}\boldsymbol{\phi}_1 = \cdots = \lambda_1^k \boldsymbol{\phi}_1$$

が成り立つ．したがって，

$$e^{tA}\boldsymbol{\phi}_1 = \left[1 + \lambda_1 t + \frac{(\lambda_1 t)^2}{2!} + \cdots\right]\boldsymbol{\phi}_1 = e^{\lambda_1 t}\boldsymbol{\phi}_1 \tag{3.33}$$

が得られる．ここで，通常の指数関数のテイラー展開

$$e^{\lambda_1 t} = 1 + \lambda_1 t + \frac{(\lambda_1 t)^2}{2!} + \cdots$$

を用いている. 同様に,

$$e^{tA} \boldsymbol{\phi}_2 = e^{\lambda_2 t} \boldsymbol{\phi}_2 \tag{3.34}$$

が得られる. 定数 $c_1$ と $c_2$ を (3.20) を満たすように選んでおき, いま導いたばかりの (3.32), (3.33), (3.34) を合わせると,

$$\begin{aligned}
\boldsymbol{u}(t) &= e^{tA} \boldsymbol{u}_0 \\
&= e^{tA}(c_1 \boldsymbol{\phi}_1 + c_2 \boldsymbol{\phi}_2) \\
&= c_1 e^{tA} \boldsymbol{\phi}_1 + c_2 e^{tA} \boldsymbol{\phi}_2 \\
&= c_1 e^{\lambda_1 t} \boldsymbol{\phi}_1 + c_2 e^{\lambda_2 t} \boldsymbol{\phi}_2
\end{aligned} \tag{3.35}$$

となり, 定理 3.2 の表現公式 (3.21) が出るのである.

最後に, 行列 $A$ の固有値がただ一つの場合, すなわち, 行列 $A$ の固有方程式 $\Phi_A(\lambda) = 0$ が重解 $\lambda_1$ をもつ場合を考える ($\lambda_1$ は必然的に実数である). そのために, 一般に,

$$A^2 - (a+b)A + (ab - cd)I = O \tag{3.36}$$

が成り立つことに注意しよう. これは**ケーリー–ハミルトンの定理**[*3]とよばれる重要な定理であり, 直接の代入により, 簡単にその成立が確かめられる. いま, 解と係数の関係から, $a+b = 2\lambda_1$, $ab - cd = \lambda_1^2$ なので, (3.36) より

$$(A - \lambda_1 I)^2 = O \tag{3.37}$$

が得られる. これより,

$$(A - \lambda_1 I)^k = O \qquad (k = 2, 3, \ldots)$$

---

*3　Arthur Cayley 1821-1895, William Rowan Hamilton 1805-1865.

であるから,

$$e^{tA} = e^{\lambda_1 tI} e^{tA - \lambda_1 tI}$$

$$= e^{\lambda_1 tI} \left[ I + t(A - \lambda_1 I) + \frac{t^2}{2!}(A - \lambda_1 I)^2 + \frac{t^3}{3!}(A - \lambda_1 I)^3 + \cdots \right]$$

$$= (e^{\lambda_1 t} I)[I + t(A - \lambda_1 I)]$$

$$= (1 - \lambda_1 t)e^{\lambda_1 t} I + te^{\lambda_1 t} A$$

と変形できる. したがって, このとき, 初期値問題(3.16), (3.17)の解は,

$$\boldsymbol{u}(t) = (1 - \lambda_1 t)e^{\lambda_1 t} \boldsymbol{u}_0 + te^{\lambda_1 t} A \boldsymbol{u}_0$$

で与えられるのである. なおこの表現には, $A = \lambda_1 I$, すなわち, $A - \lambda_1 I = O$ という自明な場合も含まれている. これより, $\lambda_1$ の符号が負であれば, 初期値が何であっても,

$$\boldsymbol{u}(t) \to \boldsymbol{0} \qquad (t \to \infty)$$

となることがわかり. 定理3.3で述べたことが全て確かめられたことになる.

# 4 惑星運動の数理

これまでの章で，増殖，振動，競合といった，自然界や社会のいろいろな現象を数理的に理解するのに，微分方程式が役立つことを知った．しかし，微分方程式によって自然現象を解明する仕事のなかで，歴史的に最も古く，最も大きな成功の一つは，ニュートンによってなされたものであり，それは，地球，水星，金星といった惑星が太陽の周りを回る運動を明らかにしたものであった（図 4.1）．この章では，この惑星の運動の数理について学ぶ．

## 4.1 惑星の運動とニュートン

ニュートンが惑星の運動を数学的に解くことに成功したのには3つの根拠がある．

一つは，ニュートン自身が発見した微分積分法，すなわち解析学である．二番目は，すでに第 2 章で説明した，ニュートンの力学の法則である．最後の

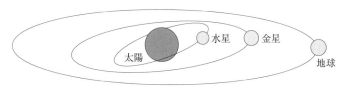

**図 4.1** 惑星の運動

58    4    惑星運動の数理

ものが，これもニュートン自身が発見した**万有引力の法則**である．

万有引力の法則とは，質量をもっている物体の間には引力が働くこと，および，その大きさはどのようなものであるかを明らかにした法則である．

天才ニュートンによる微積分学，力学の法則，万有引力の三大発見が一体として役立ち，惑星の運動の解明という見事な成果をもたらした．

ニュートンが惑星の運動を数学的に解く以前には，天文学者ブラーエ[*1]が望遠鏡によって観測した膨大なデータを残していた．ブラーエの助手であった天文学者ケプラー[*2]は，それをまとめ，地球，金星，水星などの太陽の周りを回る惑星の運動に関する3つの法則を提出した．**ケプラーの法則**とよばれるその法則を，今日的に表現すると次のようになる．

**第一法則**　惑星の軌道は太陽を焦点の一つとする楕円を描く．
**第二法則**　太陽と惑星を結ぶ線分が単位時間あたりに掃過する面積は場所に依存しない．
**第三法則**　惑星の公転周期の2乗は惑星の軌道の長軸の長さの3乗に比例する．

ニュートンは，上に述べた3つの数学的および物理的な根拠の上に立って，惑星の運動を数理的に解き，ケプラーの法則を全て証明したのであった．

こうしてニュートンは，実験，観測によって得られた経験的法則に対して，現象を支配する基本的な方程式を立て，それを数学的に解析することにより法則を理論的に証明するという，科学的解明の典型を示したのである．

## 4.2　惑星の運動方程式

力学の法則を思い出しておこう．質点，すなわち，質量をもっている小さな物の運動を定める法則は，2.3節で説明したように，ニュートンの力学の法則

$$m\boldsymbol{\alpha} = \boldsymbol{f} \tag{4.1}$$

---

[*1]　Tycho Brahe 1546-1601.
[*2]　Johannes Kepler 1571-1630.

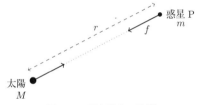

**図 4.2** 万有引力の法則

で記述される.ここに,$m$ は考えている質点 P の質量で,$\boldsymbol{\alpha}$ は質点 P の加速度(ベクトル)である.右辺の $\boldsymbol{f}$ は,質点 P に働いている外力である.なお,質点の位置ベクトルを $\boldsymbol{r}$ で表したときには,加速度 $\boldsymbol{\alpha}$ は $\dfrac{d^2\boldsymbol{r}}{dt^2}$ にほかならないことも,2.3 節で述べた.

さて,質点 P が考える惑星である場合には,(4.1) の右辺に現れている力 $\boldsymbol{f}$ は万有引力の法則によるものである.万有引力の法則を具体的に述べよう.

その前に,太陽も惑星も大きな天体であるが,惑星が太陽の周りを回る運動といった,大きなスケールの運動を考えるときには両者のそれぞれを質点とみなすことが許される.

> **万有引力の法則** 2 つの質点の間には,互いに引き合う引力が働き,その大きさは両者の質量の積に比例し,かつ,2 質点間の距離の 2 乗に反比例する.

これを具体的に式で書こう.太陽の質量を $M$,考えている惑星 P の質量を $m$ とする.太陽と惑星の間の距離を $r$ で表す(図 4.2).

そうすると,万有引力として惑星 P に働く外力は,太陽に向かう向きをもち,その大きさは,

$$GmM\frac{1}{r^2}$$

である.

ここで,$G$ は万有引力の定数とよばれる物理的な定数である.長さの単位をメートル(m),質量の単位をキログラム(kg),時間の単位を秒(s)ととったときには,万有引力の定数 $G$ は

$$G \approx 6.67 \times 10^{-11} \ \mathrm{m^3 \ kg^{-1} \ s^{-2}}$$

となることが知られている．しかし，この章の解析を理解するためには，$G$ は正の定数であると承知しておくだけで十分である．

惑星が運動する間に働く万有引力の大きさは，$G, m, M$ が定数であるから，$\dfrac{1}{r^2}$ に比例して変化する．この事実を "逆2乗の法則" といい表すことがある．

さて，2つの天体，すなわち太陽と惑星に着目しているが，太陽の質量が惑星の質量よりもずっと大きいので，惑星に比較して太陽は動きにくい．これからの扱いでは太陽は動かない，すなわち静止しているとみなすことにする．実際，太陽の質量は $M \approx 1.987 \times 10^{30}$ kg，地球の質量は $m \approx 5.975 \times 10^{24}$ kg であり，その比 $\dfrac{m}{M}$ はおおよそ $3.01 \times 10^{-6}$ となる．

そのうえで，太陽の位置に位置ベクトルの基準の点をとる．したがって惑星の位置ベクトル $\boldsymbol{r}$ の大きさ $|\boldsymbol{r}|$ が，2つの天体間の距離 $r$ に一致する．次に，惑星 P から太陽に向かう方向を表す単位ベクトルを式で書いてみよう．まず $-\boldsymbol{r}$ は惑星から太陽へ向かうベクトルである．これを自分自身の長さ $r$ で割ると，単位ベクトル(長さ1のベクトル)になり，その向きは太陽に向かっている．この単位ベクトルを式で書けば

$$-\frac{\boldsymbol{r}}{|\boldsymbol{r}|} = -\frac{\boldsymbol{r}}{r}$$

である．

以上により，惑星に働く力 $\boldsymbol{f}$ の大きさと向きが得られたので，$\boldsymbol{f}$ をベクトル形で与える式が

$$\boldsymbol{f} = -GmM\frac{1}{r^2} \cdot \frac{\boldsymbol{r}}{r} = -GmM\frac{\boldsymbol{r}}{r^3}$$

となることがわかる．

この $\boldsymbol{f}$ を用いて惑星 P についてのニュートンの力学の法則(惑星 P の運動方程式)をベクトル形で書けば，

$$m\frac{d^2\boldsymbol{r}}{dt^2} = -GmM\frac{\boldsymbol{r}}{r^3} \tag{4.2}$$

である．

4.2 惑星の運動方程式 61

なお，これから式を簡潔に書くために，また，別の変数による微分と区別するために，関数を表す文字の上に ˙ を付けて $t$ による時間微分を表すことにする．たとえば，ベクトル $\boldsymbol{r}$ を時間で微分したもの $\dfrac{d\boldsymbol{r}}{dt}$ を $\dot{\boldsymbol{r}}$ で表す．また，$\boldsymbol{r}$ の第 1 成分を $x$ とすると，それを時間で微分した $\dfrac{dx}{dt}$ は $\dot{x}$ と書かれる．さらに $\dfrac{d^2\boldsymbol{r}}{dt^2}$ を $\ddot{\boldsymbol{r}}$ と書くといった調子である．

(4.2)にこの書き方を採用し，両辺に共通な $m$ で割り算すれば

$$\ddot{\boldsymbol{r}} = -GM\frac{\boldsymbol{r}}{r^3} \tag{4.3}$$

が得られる．なお，惑星の位置ベクトル $\boldsymbol{r}$ の成分を

$$\boldsymbol{r} = (x,\ y,\ z)$$

とすると，その大きさ $r = |\boldsymbol{r}|$ は，

$$r = \sqrt{x^2 + y^2 + z^2}$$

と書かれる．

成分ごとの惑星の運動方程式を(4.3)から導いてみると，

$$\ddot{x} = -GM\frac{x}{r^3}, \quad \ddot{y} = -GM\frac{y}{r^3}, \quad \ddot{z} = -GM\frac{z}{r^3} \tag{4.4}$$

になる．

これは時間を独立変数とする 3 つの未知関数，$x, y, z$ に対する連立の微分方程式である．それぞれの右辺の分母の $r$ にも $x, y, z$ が含まれているので，(4.4)は相当に複雑な非線形方程式である．

惑星の運動を数理的に明らかにするためには，(4.4)という連立微分方程式を初期条件のもとに解くことが課題になる．すなわち，(4.4)の初期値問題が惑星の運動の数学的定式化である．

初期時刻を $t=0$ とし，初期時刻における惑星の位置ベクトルを $\boldsymbol{r}_0 = (x_0, y_0, z_0)$ とする．さらに，$t=0$ のときにどのような速度をもっていたかも考慮しなければならない．そこで，初期速度を $\boldsymbol{v}_0$ とおく．

結局，惑星の運動を解くための課題は，ベクトル形の(4.3)，あるいは成分表示の(4.4)で与える運動方程式を，初期条件

$$r(0) = r_0, \qquad \dot{r}(0) = v_0 \tag{4.5}$$

のもとに解くことである.

## 4.3 保存量

　上のように定式化された初期値問題の解を直接求めることは,なかなか困難である.準備として,解のもつべき性質を調べておくことが望ましい.特に,惑星が運動している間に変わらない量,すなわち時間に関して不変な量について調べることが大切である.この節では,このような保存量を考察する.

　これからの計算では,万有引力の定数と太陽の質量の積を

$$\alpha = GM \tag{4.6}$$

とおく.

　さて,直観的には次のことが納得できるであろう.惑星に働く力は,つねに,位置ベクトルの基準点O(太陽の位置)に向かっている.初期時刻において,惑星は初期位置 $r_0$ から初期速度 $v_0$ で動き出すが,その後も太陽の方向に引っ張られるだけであるから,太陽の位置O, $r_0$, $v_0$ を含む平面から惑星がはずれることはない(図4.3).

　これは,数学としては証明を必要とする主張である.その証明は本章の4.B項に記されているが,とりあえず,ここでは上のような直観的な説明を受け入れることにしよう.

　こうして,考えている惑星の運動は空間内のある平面H内で起こる.平面Hは,太陽の位置,惑星の初期の位置,初期の速度を含むものである.

　そこで,座標軸を便利なようにとり直す.Oを原点とし平面Hの中に $x$ 軸,$y$ 軸をとる.$z$ 軸は平面Hに直交する向きになる(図4.4).

　こうすると,惑星の運動は $xy$ 平面内で起こっているのだから,惑星の座標の $z$ 成分はつねに0である.すなわち,この座標系で惑星の位置ベクトル $r$ を成分表示すれば,

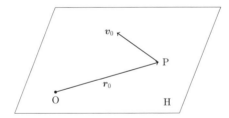

**図 4.3** 惑星の初期位置 $\bm{r}_0$ と初期速度 $\bm{v}_0$

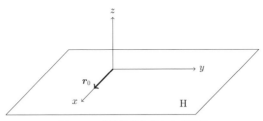

**図 4.4** 惑星運動を考える座標軸

$$\bm{r} = (x,\ y,\ 0)$$

になる．特に，太陽と惑星との距離は $r = \sqrt{x^2+y^2}$ で表される．

さらに，成分ごとに書いた運動方程式に関しては，$x, y$ についてのもの

$$\ddot{x} = -\alpha \frac{x}{r^3}, \qquad \ddot{y} = -\alpha \frac{y}{r^3} \tag{4.7}$$

だけに着目すればよい．同様に，速度ベクトル $\bm{v} = \dot{\bm{r}}$ についても，最初の 2 成分

$$\bm{v} = \dot{\bm{r}} = (\dot{x},\ \dot{y},\ 0)$$

だけに着目すればいい．

さて，本節の関心の対象である不変量として，(4.8)で与えられる $E$ を，ついで(4.9)で与えられる $L$ を吟味しよう．数学的な考察の対象として突然出てくるこれらの量は，力学を学んだ読者にとっては自然なものと思いあたるはずである．

$$E = \frac{1}{2}|\bm{v}|^2 - \frac{\alpha}{r} = \frac{1}{2}(\dot{x}^2 + \dot{y}^2) - \frac{\alpha}{r}. \tag{4.8}$$

64    4   惑星運動の数理

力学的には，$E$ に惑星の質量 $m$ を掛けた $mE$ は，太陽による万有引力の影響のもとで運動する惑星がもつ全エネルギーを意味する．

　数学的に $E$ の性質を調べるために，これを時間で微分してみる．その際には，$E$ の中に含まれる惑星の座標 $x, y$ が，連立微分方程式(4.7)を満足することを用いて計算する．準備のために，まず，$\dfrac{1}{r}$ を $t$ で微分したものを用意しておく．すなわち，

$$\frac{d}{dt}\frac{1}{r} = \frac{d}{dt}\frac{1}{\sqrt{x^2+y^2}} = -\frac{x\dot{x}+y\dot{y}}{r^3}$$

となる．これらを用いて，$E$ を $t$ で微分し，さらに(4.7)を考慮すれば

$$\dot{E} = \dot{x}\ddot{x} + \dot{y}\ddot{y} + \alpha\frac{x\dot{x}+y\dot{y}}{r^3}$$
$$= \dot{x}\left(-\alpha\frac{x}{r^3}\right) + \dot{y}\left(-\alpha\frac{y}{r^3}\right) + \alpha\frac{x\dot{x}+y\dot{y}}{r^3} = 0$$

が得られる．すなわち，$E = E(t)$ は時間によらない定数であり，運動している間の時間の経過に対して保存される保存量であることがわかる．よって

$$E_0 = E(0) = \frac{1}{2}|\boldsymbol{v}_0|^2 - \frac{\alpha}{r_0}$$

とおけば，この初期値 $E_0$ に対して

$$E(t) = E_0 \qquad (t \geqq 0)$$

が成り立つ．

　さらに考える不変量は，次の $L$ である．

$$L = x\dot{y} - \dot{x}y. \tag{4.9}$$

ベクトル積および力学を学んでいる読者のために，次の説明を記しておこう．この惑星の位置ベクトル $\boldsymbol{r} = (x, y, 0)$ と速度 $\boldsymbol{v} = (\dot{x}, \dot{y}, 0)$ のベクトル積をつくると

$$\boldsymbol{r} \times \boldsymbol{v} = (0,\ 0,\ L)$$

が得られる．運動が $xy$ 平面内で起こるので，$\boldsymbol{r} \times \boldsymbol{v}$ は $z$ 軸の方向の成分だけが 0 と異なる．その $z$ 成分が $L$ である．力学の言葉を用いれば，$\boldsymbol{r} \times \boldsymbol{v}$ に質量

$m$ を掛けたもの，すなわち，$mL$ が惑星の角運動量の大きさであるから，これから示す $L$ の不変性は角運動量の保存に対応している．

次に，$L$ の性質を計算に頼って解析しよう．$L$ の時間による微分を運動方程式(4.7)も利用しながら計算すると，

$$\dot{L} = \dot{x}\dot{y} + x\ddot{y} - \ddot{x}y - \dot{x}\dot{y}$$
$$= x\left(-\frac{\alpha y}{r^3}\right) - \left(-\frac{\alpha x}{r^3}\right)y = 0$$

が得られる．これで $L = L(t)$ は時間に関して不変な定数であることがわかる．

$t = 0$ における $L$ の値を $L_0$ とおくと，

$$L(t) = L_0 \qquad (t \geqq 0) \tag{4.10}$$

が成り立つ．

さて，$E$ および $L$ が不変であることを用いて，簡単に解析できる特別な場合，すなわち，円軌道の場合を先に調べることにしよう．

## 4.4 円軌道の場合

現実の惑星には軌道が完全な円になっているものはないが，微分方程式の解としては，そのようなものも可能である．

いま，惑星の軌道が太陽を中心とし，半径が $R$ の円であると仮定する．そのような解を求めるのである．

平面 H の中に極座標 $(r, \theta)$ を導入する．ただし，極座標の極を太陽の位置，すなわち $xy$ 座標の原点 O にとり，角変数の原線を $x$ 軸の正方向にとる．そうすると，この平面内の一般の点の座標 $(x, y)$ は

$$x = r\cos\theta, \quad y = r\sin\theta$$

と，極座標の変数 $(r, \theta)$ で表される．

$x, y$ が惑星の座標であるとすると，その円軌道の半径が $R$ であるから，

$$x = R\cos\theta, \quad y = R\sin\theta$$

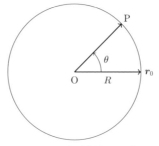

図 **4.5** 極座標と円運動

である(図 4.5). この $x$, $y$ を不変量 $L(t)$ の定義式(4.9)に代入するのであるが, その前に $x$, $y$ を時間で微分した $\dot{x}$, $\dot{y}$ を極座標で書けば,

$$\dot{x} = -R\dot{\theta}\sin\theta, \qquad \dot{y} = R\dot{\theta}\cos\theta$$

となる.

これらを(4.9)に代入して計算した結果は

$$L(t) = x\dot{y} - \dot{x}y = R^2(\cos^2\theta + \sin^2\theta)\dot{\theta} = R^2\dot{\theta}$$

となる. したがって, (4.10)により,

$$\dot{\theta}(t) = \frac{L}{R^2} = \frac{L_0}{R^2} \qquad (t \geqq 0)$$

となり, $\theta$ の時間変化が一定であることがわかる.

この一定値を $\omega = \dfrac{L_0}{R^2}$ と書くことにすると,

$$\theta(t) = \omega t \qquad (t \geqq 0)$$

が得られる. この $\omega$ を角速度とよぶ. ただし, $t=0$ のときに, $\theta$ が 0 になるように, 極座標における原線を $t=0$ のときの惑星の位置ベクトルの方向にとっておくものとする(必要ならば, とり直せばよい). さらに, $\omega > 0$ であること, すなわち考える平面内で惑星が太陽の周りを正の向きに回っていることも仮定しておく(そうでないときは $z$ 軸の向きを変えればよい).

さて, $\theta(t) = \omega t$ という関係がわかったが, 運動方程式が成り立つためには $R$ と $\omega$ との関係はどうなっているべきかを調べよう.

この場合，位置ベクトルが，

$$\boldsymbol{r} = (R\cos\omega t,\ R\sin\omega t,\ 0)$$

であることから，

$$\boldsymbol{v} = \dot{\boldsymbol{r}} = R\omega(-\sin\omega t,\ \cos\omega t,\ 0)$$

である．

これから，特に $|\boldsymbol{v}| = R\omega$ となり一定である．すなわち，この惑星は等速円運動をしている．

さらに $\ddot{\boldsymbol{r}}$ を計算すると，

$$\ddot{\boldsymbol{r}} = -R\omega^2(\cos\omega t,\ \sin\omega t,\ 0) = -\omega^2\boldsymbol{r}$$

が得られる．これを運動方程式(4.3)に代入すると，

$$-\omega^2\boldsymbol{r} = -\alpha\frac{\boldsymbol{r}}{r^3}$$

となる．ここで，$\boldsymbol{r}$ の係数を比較することにより，また，軌道上では $r = R$ であることから，運動方程式が成立するための条件は

$$\omega^2 = \frac{\alpha}{R^3} \tag{4.11}$$

であることがわかる．すなわち，一定な角速度 $\omega$ と円軌道の半径 $R$ はこの等式で結ばれている．逆に(4.11)の関係があれば，確かに半径 $R$ の円を軌道とする運動方程式の解があることも示された．

一方，いまは速度の大きさも一定値 $R\omega$ であった．特に $|\boldsymbol{v}_0| = R\omega$ と(4.11)から $\omega$ を消去すると，

$$|\boldsymbol{v}_0|^2 R = \alpha \tag{4.12}$$

といった関係が導かれる．

半径 $R$ を定めたときに，(4.12)に合致する $|\boldsymbol{v}_0|$ の大きさで，半径に直角な方向へ惑星が動き出せば，その惑星の運動の軌道は円軌道になる．また，この場合，$L$ とならぶ保存量 $E$ は，$E = -\dfrac{1}{2}\dfrac{\alpha}{R}$ という一定値をとる．

最後に円軌道の場合の周期を計算してみよう．周期 $T$ は，$2\pi$ を $\omega$ で割ったものであるから，$\omega$ と $R$ との関係が$(4.11)$で与えられていることを用いて計算すると，

$$T = \frac{2\pi}{\omega} = 2\pi \frac{1}{\sqrt{\dfrac{\alpha}{R^3}}} = \frac{2\pi}{\sqrt{\alpha}} R^{\frac{3}{2}}$$

となり，周期の 2 乗は $R$ の 3 乗に比例する．これはケプラーの第三法則の特別な場合(円軌道の場合)である．

## 4.5 一般の場合の解析

この節の目標は，微分方程式$(4.7)$に支配される惑星の運動の軌道が，楕円，双曲線といった 2 次曲線になることを一般的に導くことである．

これまでの考察の結果であり，かつ，これからの解析のよりどころである $E(t)$, $L(t)$ の保存則を改めて書いておこう．

$$E(t) = \frac{1}{2}|\boldsymbol{v}|^2 - \frac{\alpha}{r} = E_0, \tag{4.13}$$

$$L(t) = x\dot{y} - \dot{x}y = L_0. \tag{4.14}$$

ここでも前節で用いた極座標 $r$, $\theta$ を使う．すなわち，もとの直交座標 $x$, $y$ と極座標 $r$, $\theta$ の間には，

$$x = r\cos\theta, \quad y = r\sin\theta \tag{4.15}$$

の関係がある．

$r$, $\theta$ を惑星の位置を表す点の極座標とすると，今度は，$\theta$ だけでなく $r$ も時間 $t$ の関数である．また，前の通りに時間 $t$ による微分 $\dfrac{d}{dt}$ を，変数に $\cdot$ を付けて表す．このとき，$(4.15)$の $x$, $y$ が惑星の座標であるとして，両辺を $t$ で微分すると，

$$\begin{cases} \dot{x} = \dot{r}\cos\theta - r\dot{\theta}\sin\theta, \\ \dot{y} = \dot{r}\sin\theta + r\dot{\theta}\cos\theta \end{cases} \tag{4.16}$$

が得られる.

この $x, y$ を用いて, 速度ベクトル $\boldsymbol{v}$ の大きさの 2 乗を計算してみると,

$$|\boldsymbol{v}|^2 = \dot{x}^2 + \dot{y}^2 = \dot{r}^2 + r^2\dot{\theta}^2 \qquad (4.17)$$

となる. この (4.17) を $E(t)$ の保存則である (4.13) に代入すると,

$$\frac{1}{2}(\dot{r}^2 + r^2\dot{\theta}^2) - \frac{\alpha}{r} = E_0 \qquad (t \geqq 0) \qquad (4.18)$$

が得られる.

一方, (4.14) の $L(t)$ の保存則も極座標で表すと簡単な形になる. 実際, (4.14) の $\dot{x}, \dot{y}$ に, (4.16) を代入して計算すると,

$$L(t) = x\dot{y} - \dot{x}y = r\cos\theta(\dot{r}\sin\theta + r\dot{\theta}\cos\theta) - (\dot{r}\cos\theta - r\dot{\theta}\sin\theta)r\sin\theta$$
$$= r^2\dot{\theta}$$

であるから, $L(t)$ の保存則 (4.14) は

$$r^2\dot{\theta} = L_0 \qquad (t \geqq 0) \qquad (4.19)$$

と表される.

上の保存則を用いて極座標での解析を進めるのであるが, ちょっと寄り道をして, (4.19) から導かれる惑星の運動の特徴として, 面積速度に関するケプラーの第二法則を検証しておこう.

太陽を始点とする惑星の位置ベクトル $\boldsymbol{r}$ は, 惑星の運動に伴って運動平面内に図形を描く. その図形の面積, すなわち, 専門語でいうと, 位置ベクトル $\boldsymbol{r}$ の掃過する面積 (図 4.6 の影付き部分の面積) を $S = S(t)$ とおく.

$S$ の時間に対する変化率が, 惑星の運動の**面積速度**である.

面積速度 $\dot{S}$ を計算しよう. いま, 時刻 $t$ から $t + \Delta t$ の間に, 極座標の変数 $r, \theta$ がそれぞれ $\Delta r, \Delta\theta$ だけ変化したとする.

さて, $\Delta t$ と同様に微小な $\Delta r, \Delta\theta$ に関する 2 次以上の項を省略して考えると, 面積の増分 $\Delta S$ は, 図 4.7 を見るとわかるように, 角度の開きが $\Delta\theta$ で, それを挟む 2 辺の長さが $r$ と $r + \Delta r$ である三角形の面積で近似される. したがって,

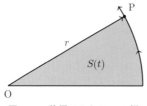
図 4.6 位置ベクトル $r$ の掃過する面積

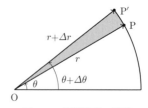
図 4.7 面積速度の近似

$$\Delta S \approx \frac{1}{2} r(r+\Delta r) \sin \Delta\theta$$

となる．さらに，$\sin \Delta\theta$ は $\Delta\theta$ で近似してよいから，

$$\Delta S \approx \frac{1}{2} r^2 \Delta\theta$$

が得られる．

上の式の両辺を $\Delta t$ で割り算し，$\Delta t$ を 0 に近づけた極限においては，

$$\dot{S} = \frac{1}{2} r^2 \dot{\theta}$$

という等式が得られる．

ここまでは，一般の運動に関する面積速度と極座標との関係である．いま考察している惑星の運動については，(4.19) の保存則が成り立っているから，

$$\dot{S}(t) = \frac{1}{2} L_0 = \text{一定} \qquad (t \geqq 0)$$

が導かれる．すなわち，惑星の運動については，面積速度は一定であるという，ケプラーの第二法則が証明された．

さて，惑星の運動の軌道の解析に戻ろう．すなわち，極座標における惑星の軌道の方程式を求めることをめざす．

いままでの考察は，時間 $t$ が独立変数で，

$$r = r(t), \qquad \theta = \theta(t) \tag{4.20}$$

として扱ってきた．しかし，惑星の軌道を求める立場で見ると，$t$ は軌道を表す媒介変数であり，(4.20) は軌道の媒介変数表示である．

軌道の方程式を求めるとなると，$r, \theta$ の間の関係式を直接調べなくてはならない．それには，$r$ を $\theta$ の関数として扱うことになる．この場合は，$\theta$ が独立変数で，$r$ が従属変数である．当然，独立変数 $\theta$ で微分する操作が必要になってくるが，$\theta$ による微分を時間 $t$ による微分と区別する意味で，従属変数に $'$ を付けて表す．

たとえば，$\theta$ の関数 $u$ を考えると，これは間接的には $t$ の関数でもあるが，$u$ を $t$ で微分したものは，$\dfrac{du}{d\theta}$ と $\dfrac{d\theta}{dt}$ の積になるので

$$\dot{u} = u' \cdot \dot{\theta} \tag{4.21}$$

と書かれる．たとえば，惑星の極座標の $r$ 成分を考えると，

$$\dot{r} = r'\dot{\theta}$$

である．

惑星運動における $E = E(t)$ の保存則(4.18)をいまの立場で書き直してみよう．すなわち，$\dot{r} = r'\dot{\theta}$ を(4.18)に代入すれば，

$$\frac{1}{2}\left[(r')^2\dot{\theta}^2 + r^2\dot{\theta}^2\right] - \frac{\alpha}{r} = E_0$$

となるが，さらに，$L$ の保存則(4.19)も考慮して書き換えると，

$$\frac{1}{2}[(r')^2 + r^2]\frac{L_0^2}{r^4} - \frac{\alpha}{r} = E_0$$

となる．これから $L_0$ の代わりに $k$ と書くことにしよう．すなわち，$k = L_0$ である．そうすると，上に得られた等式は，

$$\frac{1}{2}\left[(r')^2 \cdot \frac{k^2}{r^4} + \frac{k^2}{r^2}\right] - \frac{\alpha}{r} = E_0 \tag{4.22}$$

となる．

(4.22)は，$\theta$ を独立変数とする，未知関数 $r = r(\theta)$ についての1階の微分方程式である．この微分方程式は，$r'$ 自身が2乗で入っているし，また，それ以外の $r$ の入り方も簡単ではないが，ともかく問題を1階の微分方程式に帰着させることができた．

ここから先の扱いはいささか技巧的である．最初に，

72    4    惑星運動の数理

$$u = \frac{1}{r}$$

を新たな未知関数とする. すると,

$$u' = -\frac{1}{r^2}r', \qquad r' = -r^2 u'$$

と計算できる.

これを(4.22)へ代入すると, $u$ に関する微分方程式として,

$$\frac{1}{2}[k^2(u')^2 + k^2 u^2] - \alpha u = E_0$$

が得られる. さらに簡単な変形をすると,

$$(u')^2 + u^2 - \frac{2\alpha}{k^2}u = \frac{2E_0}{k^2} \tag{4.23}$$

となる.

これでかなり見やすくなったが, まだ, $u'$ の2乗, $u$ の2乗という項を含んでいて, いわば2次の非線形性をもった微分方程式である.

さらに変形を続けよう. そのために

$$w = u - \frac{\alpha}{k^2}$$

とおいて, $w$ を新しい未知関数とする. そして, $w' = u'$ や $u = w + \frac{\alpha}{k^2}$ を
(4.23)に代入すると, 未知関数の1次の項が消えて,

$$(w')^2 + w^2 = \beta_0^2 \tag{4.24}$$

が得られる. ただし,

$$\beta_0 = \sqrt{\frac{2E_0}{k^2} + \frac{\alpha^2}{k^4}}$$

とおいている.

(4.24)を解くために, 両辺を $\theta$ で微分する. そうすると, $2w'w'' + 2ww' = 0$, すなわち,

$$w'(w'' + w) = 0$$

が出る.

得られた方程式の左辺の因数が2つあるが, そのうちの一つの $w'$ が, ある範囲で恒等的に0になる場合をまず調べる. そのとき $w$ は定数であり, $\theta$ によらない. これは, $r$ が $\theta$ によらない定数であることを意味する. すなわち, 軌道は極を中心とする円であり, この場合はすでに前節で解析を終えている.

円軌道以外のものが得られる新たな場合としては,

$$w'' + w = 0$$

について調べればよい. 2.6節の考察を応用すると, この微分方程式の一般解は,

$$w(\theta) = c_1 \sin\theta + c_2 \cos\theta$$

となる. $c_1$ と $c_2$ は任意の定数である. これを, $\boldsymbol{a} = (c_2, c_1)$, $\boldsymbol{b} = (\cos\theta, \sin\theta)$ として, ベクトルの内積の公式 $\boldsymbol{a}\cdot\boldsymbol{b} = |\boldsymbol{a}|\cdot|\boldsymbol{b}|\cos\delta$ ($\delta$ は $\boldsymbol{a}$ と $\boldsymbol{b}$ のなす角である)を用いて,

$$w = \underbrace{\sqrt{c_2^2 + c_1^2}}_{=A} \cdot 1 \cdot \cos(\theta - \delta_0) = A\cos(\theta - \delta_0) \tag{4.25}$$

と合成する. $\delta_0$ $(= \theta - \delta)$ は, ベクトル $\boldsymbol{a}$ と $x$ 軸のなす角である. $c_1$ と $c_2$ を任意に与える代わりに, $A$ と $\delta_0$ を任意に与えてもよい.

あとは, 具体的に $A$ と $\delta_0$ の値を決定する. (4.25)の $w$ を(4.24)に代入することによって,

$$A = \beta_0$$

と $A$ が定まる. 一方で, 定数 $\delta_0$ の値は, 極座標の原線をどのように選ぶかによって調整することができる. $\delta_0 = 0$ にするためには, $\theta = 0$ で $w$ が最大になるようにすればよい. $w$ が最大になる点は($u$ が最大になる点であり, 結局), $r$ が最小になる点である. 惑星が太陽に最も近づいている点を近日点というが, その位置を通るように極座標の原線をとることになる. これにより, $\delta_0 = 0$ と仮定することができる(図4.8).

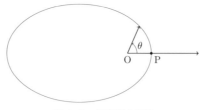

図 4.8 極座標の原線

結局，(4.25)の $w$ は

$$w = \beta_0 \cos\theta$$

となる．この $w$ から $u$ を表し，さらに，$u$ を $r$ で表すと，惑星の極座標 $r$ と $\theta$ の間の関係

$$\frac{1}{r} - \frac{\alpha}{k^2} = \beta_0 \cos\theta \tag{4.26}$$

が導かれる．ここで，$\beta_0, \alpha, k$ は全て正の定数である．

(4.26)は，$r$ と $\theta$ との関係を示している．すなわち，これが惑星の軌道の方程式である．

最後に，この方程式から，軌道が楕円あるいは双曲線といった 2 次曲線であることがわかることを説明する．そのために，極座標における 2 次曲線の標準的な方程式が

$$r = \frac{p}{1 + e\cos\theta} \tag{4.27}$$

であることに注意する．ここで，$p$ と $e$ は正の定数であるが，(4.27)の表す 2 次曲線は，$e$ を離心率とし，極座標の原点 O を焦点としている．定数 $p$ の意味については，(4.27)で $\cos\theta = 0$ としたときの $r$ の値であるから，その 2 次曲線上において，焦点の真上の点までの焦点からの距離が $p$ である(図 4.9)．なお，これを 2 次曲線の通径とよぶことがある(→ 4.A 項)．

ともかく，$r, \theta$ の関係が(4.27)の形になれば 2 次曲線である．そうして，離心率 $e$ が 1 より大きければ双曲線，$e$ が 0 と 1 との間ならば楕円である．特別に $e = 1$ ならば放物線である．いずれの場合も，極座標の原点が焦点である

4.5 一般の場合の解析   75

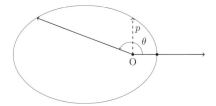

図 4.9　2 次曲線の通径

($\to$ 4. A 項).

以上の一般論を受け入れて，(4.26)を考察してみよう．

(4.26)を(4.27)とのつき合わせがしやすいように変形すると

$$\frac{1}{r} = \frac{\alpha}{k^2} + \beta_0 \cos\theta = \frac{\alpha}{k^2}(1 + \frac{k^2}{\alpha}\beta_0 \cos\theta)$$

となる．さらに逆数をとってから見比べると，

$$p = \frac{k^2}{\alpha},$$
$$e = \frac{k^2}{\alpha}\beta_0 = \frac{k^2}{\alpha}\sqrt{\frac{2E_0}{k^2} + \frac{\alpha^2}{k^4}} = \sqrt{\frac{2E_0 k^2}{\alpha^2} + 1} \qquad (4.28)$$

とおけば，(4.26)を(4.27)の形に変形できることがわかる．

なお，離心率 $e$ を表す(4.28)の 2 行目の末尾の項は，エネルギー保存に対応する保存量 $E_0$，および角運動量保存に対応する保存量 $k = L_0$ を用いて示したものである．

これで惑星の軌道が 2 次曲線になること，また，太陽がその焦点であることがわかった．軌道が楕円であるか，双曲線であるかは，$e$ が 1 より小さいか大きいかによって分かれる．

(4.28)の最後の辺を見ると，$E_0$ が正であるか，負であるかによって，$e$ が 1 より大きくなったり，小さくなったりすることがわかる．ただし，$E_0$ が正で $e > 1$ となって軌道が双曲線を描く場合でも，軌道としては双曲線の二つの枝のうちの一つだけが実現する．

$E_0$ を初期速度 $\boldsymbol{v}_0$，初期の位置ベクトル $\boldsymbol{r}_0$ を用いてもう一度書くと

$$E_0 = \frac{1}{2}|\boldsymbol{v}_0|^2 - \frac{\alpha}{|\boldsymbol{r}_0|}$$

である.

よって, $E_0$ が正であるのは, $\boldsymbol{r}_0$ を固定して考えると, 初速度 $\boldsymbol{v}_0$ が大きめのときである. 空間の点を固定して考えたときに, その点から大きな速度で飛び出していく惑星は, 双曲線軌道を描き時間が限りなく経つと, 宇宙の無限のかなたに消えていくというわけである. もっとも, こういう運動をする天体は惑星というよりも彗星として実現する.

一方, $E_0$ が負であるのは, $\boldsymbol{r}_0$ を固定して考えると比較的に初速度が小さいときである. そのようなとき, 軌道は太陽を焦点とする楕円となる. 実際の水星, 金星, 地球, …, 天王星, 海王星という惑星は太陽の周りを回り, 決して無限のかなたに飛び去らない. これらの軌道は, 全て楕円軌道になっているからである.

## 問　題

**問 4.1**　ある惑星が太陽の周りを半径 $R$ の円軌道を描いて運動している. その周期は 351 日である. もし, この惑星の円軌道の半径が $\dfrac{R}{9}$ になったとすれば, 周期は何日になるか.

**問 4.2**　ある惑星 P が太陽 S を焦点とする楕円軌道を描いている. P が太陽に最も近くなる点を K, 最も遠くなる点を E とするとき, SE の距離は SK の距離の 6 倍であるという. P が K を通過するときの速度は P が E を通過するときの速度の何倍であるか.

**問 4.3**　太陽の周りを運動する, ある惑星の初期の位置 $\boldsymbol{r}(0)$ および初期速度 $\boldsymbol{v}(0)$ が, 単位を然るべくとると, それぞれ $\boldsymbol{r}(0) = (2,0,0)$, $\boldsymbol{v}(0) = (0,3,0)$ で表されるという. この惑星の面積速度を求めよ.

# ノート

## 4.A 2次曲線の極座標での方程式

直交座標における標準形の復習から始める．楕円の場合について説明するが，双曲線の場合も同様である．

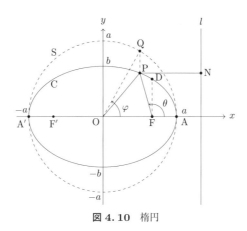

**図 4.10** 楕円

図 4.10 の実線 C で表された楕円

$$\frac{x^2}{a^2} + \frac{y^2}{b^2} = 1 \quad (a > b > 0) \tag{4.29}$$

を考える．この楕円に対して，

$$e = \sqrt{1 - \frac{b^2}{a^2}}$$

で定義される数 $e$ を離心率という．このとき，

$$F = (ae, 0), \quad F' = (-ae, 0)$$

の2点が楕円の焦点となる．すなわち，楕円上の任意の点 P について，

$$|PF| + |PF'| = 2a \tag{4.30}$$

が成り立つ（もともと，与えられた2点 F, F' に対して，(4.30) を満たすような点の集合 P を楕円というのであった）．また，

$$l:\ x = \frac{a}{e}, \quad \text{および}, \quad l':\ x = -\frac{a}{e}$$

を楕円の準線という.

いま，楕円 (4.29) 上の任意の点 $\mathrm{P} = (x, y)$ をとり，図 4.10 のように角 $\varphi$, $\theta$ を定める．ただし，Q は O を中心とした半径が $a$ である円周 S 上の点であり，かつ，PQ は $y$ 軸に平行である．そうすると，

$$\mathrm{P} = (a\cos\varphi,\ b\sin\varphi) \tag{4.31}$$

となることは周知である．P から準線 $l$ に下した垂線の足を N とする.

(4.31) を用いて簡単な計算を実直に行えば

$$|\mathrm{PF}|^2 = (a\cos\varphi - ae)^2 + (b\sin\varphi)^2 = a^2(1 - e\cos\varphi)^2,$$

$$e^2|\mathrm{PN}|^2 = e^2\left(\frac{a}{e} - a\cos\varphi\right)^2 = a^2(1 - e\cos\varphi)^2$$

を導くことは容易である．これより，準線と離心率を用いた 2 次曲線の特長付けである

$$|\mathrm{PF}| : |\mathrm{PN}| = e : 1 \tag{4.32}$$

が得られる.

F を極とする極座標に移ろう．そのために，

$$r = |\mathrm{PF}|$$

とおく．$r$ と $\theta$ との関係を求めるのが目的である．$l$ と F の距離を $d$ とすると，$d = \frac{a}{e} - ae$ が成り立つが，これを用いると

$$|\mathrm{PN}| = \frac{a}{e} - ae - r\cos\theta = d - r\cos\theta$$

が得られる.

こうして (4.32) から

$$\frac{r}{d - r\cos\theta} = \frac{e}{1},$$

すなわち，

$$r = \frac{ed}{1 + e\cos\theta}$$

が得られる.

$\theta = \dfrac{\pi}{2}$ の点, すなわち, F の真上の点を D とおけば, $ed$ は D の F から
の距離である. したがって

$$p = |\mathrm{FD}|$$

とおけば, 極座標における方程式

$$r = \frac{p}{1 + e\cos\theta} \tag{4.27}$$

が得られる.


### 4.B 惑星の運動が平面運動であることの証明

惑星の位置ベクトルを $\boldsymbol{r} = \boldsymbol{r}(t) = (x(t), y(t), z(t))$ とする. いま, $\boldsymbol{r}(0)$ お
よび $\boldsymbol{v}(0) = \dot{\boldsymbol{r}}(0)$ を含むように $xy$ 平面をとる. このとき,

$$z(0) = \dot{z}(0) = 0 \tag{4.33}$$

である.

惑星の運動が $xy$ 平面内で起こることを示すためには,

$$z(t) = 0 \qquad (t \geqq 0) \tag{4.34}$$

を示せば十分である.

以下に (4.34) の証明を 2 つ記す. 一つ目は, 本書のここまでの水準を超
えた重苦しさがあるが, "不等式を用いる証明法"(プロの技!)の例として
十分に余力がある読者には教訓的である. 二つ目は, ベクトル積に通じてい
る読者向けの "軽やか" な証明である.

[(4.34) の証明, その 1] 惑星の運動方程式を

$$\ddot{z}(t) = K(t)z(t) \tag{4.35}$$

と書いておく．ただし，

$$K(t) = -\frac{\alpha}{r^3}$$

とおいた．

いま，正数 $T$ を任意に固定し，時間の区間 $[0, T]$ において，惑星は太陽に衝突することなく運動していると仮定しよう（当然の仮定である！）．したがって，$[0, T]$ においては，$r = r(t) > 0$ である．そうすると，$K(t)$ は $t$ の関数として $[0, T]$ において連続であるから，正数

$$N = \max_{0 \leqq t \leqq T} |K(t)| \tag{4.36}$$

が存在する．

ここで，補助関数

$$J(t) = z(t)^2 + \dot{z}(t)^2$$

を導入する．(4.33)によれば

$$J(0) = 0 \tag{4.37}$$

は明らかである．

$J(t)$ を $t$ で微分して，結果に(4.35)を代入すると，

$$\dot{J}(t) = 2z(t)\dot{z}(t) + 2\dot{z}(t)\ddot{z}(t) = 2\dot{z}(t)[z(t) + K(t)z(t)]$$

が得られる．初等的な不等式 $2ab \leqq a^2 + b^2$ $(a, b \geqq 0)$ と，(4.36)を使うと，

$$\begin{aligned} \dot{J}(t) &= 2\dot{z}(t)z(t)[1 + K(t)] \\ &\leqq (\dot{z}(t)^2 + z(t)^2)[1 + K(t)] \leqq J(t)(1 + N) \end{aligned} \tag{4.38}$$

となる．

ここで，新たな補助関数

$$H(t) = J(t)e^{-(N+1)t}$$

を導入し，その導関数を計算すると，(4.38)より

$$\dot{H}(t) = \dot{J}(t)e^{-(N+1)t} - (N+1)J(t)e^{-(N+1)t}$$
$$= [\dot{J}(t) - (N+1)J(t)]e^{-(N+1)t}$$
$$\leqq 0$$

が得られる. すなわち, $H(t)$ は $t$ の非増加関数であるから, (4.37)にも注意して,

$$H(t) \leqq H(0) = J(0) \cdot 1 = 0 \qquad (0 \leqq t \leqq T)$$

となる. ところがもともと定義により, $J(t) \geqq 0$ であるから, $H(t) \geqq 0$ は明らかである. よって, これらを合わせれば,

$$H(t) = 0 \qquad (0 \leqq t \leqq T)$$

が出る. これが

$$J(t) = 0 \qquad (0 \leqq t \leqq T)$$

を意味すること, したがって, さらに

$$z(t) = \dot{z}(t) = 0 \qquad (0 \leqq t \leqq T)$$

を意味することは明らかである. 最後に $T$ の任意性より(4.34)が得られる. ∎

[(4.34)の証明, その2] ベクトル積を用いた(4.34)の別証明を与える.

$$\boldsymbol{a}(t) = \boldsymbol{r}(t) \times \boldsymbol{v}(t) \qquad (t \geqq 0)$$

とおく. $\boldsymbol{a}(0) = \boldsymbol{r}_0 \times \boldsymbol{v}_0$ が $\boldsymbol{0}$ でないとする. 当然 $\boldsymbol{a}(0)$ は $\boldsymbol{r}_0$, $\boldsymbol{v}_0$ を含む平面と直交しているので, $\boldsymbol{a}(0)$ は, $xy$ 平面に直交する単位ベクトル $\boldsymbol{e} = (0,0,1)$ と平行である. すなわち, $0$ でない定数 $k$ を用いて $\boldsymbol{a}(0) = k\boldsymbol{e}$ と書けるはずである. このとき,

$$\dot{\boldsymbol{a}} = \dot{\boldsymbol{r}} \times \boldsymbol{v} + \boldsymbol{r} \times \dot{\boldsymbol{v}} = \boldsymbol{v} \times \boldsymbol{v} - \frac{GM}{r^3} \boldsymbol{r} \times \boldsymbol{r} = \boldsymbol{0}$$

と計算できる．すなわち，$\boldsymbol{a}(t)$ は $t$ には依存しないので，$\boldsymbol{a}(t) = \boldsymbol{r}(t) \times \boldsymbol{v}(t)$ $= k\boldsymbol{e}$ と書ける．したがって，

$$z(t) = \boldsymbol{r} \cdot \boldsymbol{e} = \frac{1}{k} \boldsymbol{r} \cdot (\boldsymbol{r} \times \boldsymbol{v}) = 0$$

が得られる．なお，上記の計算で，ベクトル積に関する基本的な事実

$$\boldsymbol{p} \times \boldsymbol{p} = \boldsymbol{0}, \quad \boldsymbol{p} \cdot (\boldsymbol{p} \times \boldsymbol{q}) = \boldsymbol{q} \cdot (\boldsymbol{p} \times \boldsymbol{q}) = 0$$

を応用した（$\boldsymbol{p}$ と $\boldsymbol{q}$ は任意のベクトルである）．

# 5 弦のつり合いの数理

本章では，外力のもとでつり合っている弦の形状を数理的に解析する．その数理モデルとして登場するのが，微分方程式の境界値問題である．すなわち，考える区間の両端で境界条件とよばれる付加条件が課されているような微分方程式の問題を考える．1次元の簡単な境界値問題を通じて，グリーン関数や解の安定性などの重要な概念に触れよう．

## 5.1 弦のつり合い

バイオリンなどの弦楽器の弦のように弾性をもち，両端が固定された弦を考える．簡単のために，弦は $x$ 軸の点 $x=0$ と点 $x=l$ との間に張られているとする．$x$ 軸に垂直に $u$ 軸をとっておこう．外力は $x$ 軸に垂直に働くものとする．そのとき，弦の変形が微小であると仮定すると，座標が $x$ である弦上の点は $x$ 軸に垂直に $u(x)$ だけ変位する（図 5.1）．

外力以外に弦の各点には弦に沿う**張力**が働く．すなわち，弦の各点は弦の接

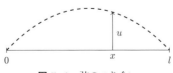

**図 5.1** 弦のつり合い

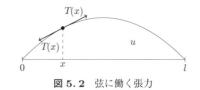

**図 5.2** 弦に働く張力

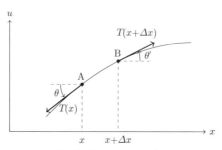

**図 5.3** 弦の微小部分における力のつり合い

線に平行な張力で左右から引っ張られている．座標が $x$ である点に働く張力の大きさを $T(x)$ で表そう（図 5.2）．

さて，$x$ 座標がそれぞれ $x$, $x+\Delta x$ である弦上の 2 点 A, B を考察する．$\Delta x$ は $x$ の微小な増分である．弦がつり合いの状態にあるとして，弦の微小部分 $\overarc{\mathrm{AB}}$ に働く外力のつり合いを考察しよう．

変位 $u$ を定める数学的法則を導きたい．まず，外力は $u$ 軸に平行で，その線密度（単位長さあたりの力の大きさ）は $f(x)$ であるとする．そうすると微小部分 $\overarc{\mathrm{AB}}$ に働く外力の大きさは

$$f(x)\Delta x$$

である．

一方，$\overarc{\mathrm{AB}}$ に働く $x$ 軸方向（水平方向）の力は，B を右に引っ張る大きさ $T(x+\Delta x)$ の張力と A を左に引っ張る大きさ $T(x)$ の張力の水平成分だけである．図 5.3 で示すように，A, B における接線が $x$ 軸となす角をそれぞれ $\theta$, $\theta'$ とおくと，$\overarc{\mathrm{AB}}$ に働く水平方向の力がつり合うことから

$$T(x)\cos\theta = T(x+\Delta x)\cos\theta' \tag{5.1}$$

が成り立つ.

いま弦の変位が微小変位であり，かつ，つり合っている弦の形状がなだらかであるとすると $\cos\theta'$ と $\cos\theta$ の差は，$\Delta x$ に比べても小さい無限小であるとみなしてよい．そうすると(5.1)から

$$\frac{T(x+\Delta x)-T(x)}{\Delta x} \to 0 \qquad (\Delta x \to 0),$$

すなわち

$$\frac{dT(x)}{dx} = 0 \tag{5.2}$$

が成り立つ．これより，$T(x)$ は $x$ によらない定数となる．

すなわち，変位が微小であるとのいまの仮定のもとでは，張力の大きさは弦の全ての点で同じである．この定数値をやはり同じ文字 $T$ で表そう．

次に微小部分 $\overset{\frown}{\mathrm{AB}}$ に働く力の $u$ 軸方向の成分(鉛直成分)のつり合いを考えると，

$$T\sin\theta' - T\sin\theta + f(x)\Delta x = 0 \tag{5.3}$$

が成り立つはずである．

微小変形の仮定のもとでは $\theta$ が十分に小さいから，

$$\sin\theta \approx \tan\theta = u'(x)$$

としてよい．したがって，(5.3)は，$\Delta x$ より高位の無限小を省略する立場では

$$Tu'(x+\Delta x) - Tu'(x) + f(x)\Delta x \approx 0$$

と書かれ，さらに

$$\lim_{\Delta x \to 0} T \cdot \frac{u'(x+\Delta x)-u'(x)}{\Delta x} + f(x) = 0$$

となる．結局，変位 $u = u(x)$ の満たすべき方程式は

$$Tu'' + f(x) = 0,$$

86    5 弦のつり合いの数理

すなわち,

$$u''(x) = -\frac{f(x)}{T} \tag{5.4}$$

であることが導かれた.

　数学的な扱いに関しては,（5.4）の $\dfrac{f(x)}{T}$ を改めて $f(x)$ と書き直しても本質的な違いはない. こうして, 弦のつり合いを解析するために考察すべき方程式は,

$$u'' = -f(x) \qquad (0 \leqq x \leqq l) \tag{5.5}$$

という簡単な2階微分方程式であることがわかった.

　ここで弦の両端を固定していたことを思い出すと, 端点における条件

$$u(0) = u(l) = 0 \tag{5.6}$$

が付加される.

　すなわち, 弦のつり合いの問題は, **微分方程式**(5.5)と**境界条件**(5.6)からなる問題に帰着された. このような問題設定を, **境界値問題**とよぶ.

　一般的な解析を進める前に, 特別な（わかりやすい）$f$ に対する解 $u = u(x)$ を具体的に書いてみよう.

**例 5.1**　$f \equiv 1$ のとき(5.5)は

$$u'' = -1 \qquad (0 \leqq x \leqq l)$$

であるから, $u$ は $x^2$ の係数が $-\dfrac{1}{2}$ の2次関数である. 一方, (5.6)を満たすことから, この2次関数は $x(l-x)$ の定数倍である. 結局,

$$u = \frac{1}{2}x(l-x)$$

がこの場合の境界値問題の解である.　　　　　　　　　　　　　　　　□

**例 5.2**　$f \equiv 0$ のとき, (5.5)は

$$u'' = 0 \qquad (0 \leqq x \leqq l)$$

となるから，$u = C_1 x + C_2$ の形である．境界条件(5.6)を満たすためには，$C_1 = C_2 = 0$，すなわち，$u \equiv 0$ となる． □

上の例で調べた

$$f \equiv 0 \quad \Longrightarrow \quad u \equiv 0$$

という事実から，任意の $f$ に対する境界値問題の解の一意性に関する次の定理が得られる．

**定理 5.3** 与えられた $f$ に対して，境界値問題(5.5)，(5.6)の解は一意である．

[証明] $u_1 = u_1(x)$，$u_2 = u_2(x)$ がともに境界値問題(5.5)，(5.6)の解であるとする．このとき，$w = u_1 - u_2$ とおけば $w'' \equiv 0$ であることはすぐにわかる．また，$w(0) = w(l) = 0$ も明らかである．よって，例 5.2 の結果を $w$ に適用することにより $w \equiv 0$ が得られる．すなわち，$u_1(x) = u_2(x)$ $(0 \leqq x \leqq l)$ となり，解の一意性が示された． ∎

**例 5.4** $l = 1$ として考える．小さな正のパラメータ $\varepsilon$ を含む関数 $f_\varepsilon$ を図 5.4 のグラフをもつ関数として定義しよう．すなわち

$$f_\varepsilon(x) = \begin{cases} \dfrac{1}{2\varepsilon} & \left( \left| x - \dfrac{1}{2} \right| \leqq \varepsilon \right), \\ 0 & \left( \left| x - \dfrac{1}{2} \right| > \varepsilon \right) \end{cases}$$

とする．この $f_\varepsilon$ を(5.5)の $f$ として境界値問題(5.5)，(5.6)を解く．そのとき，解 $u_\varepsilon(x)$ は $x = \dfrac{1}{2}$ に関して対称な関数になるが，区間の左半分で，その式を書くと

$$u_\varepsilon(x) = \begin{cases} \dfrac{1}{2} x & \left( 0 \leqq x \leqq \dfrac{1}{2} - \varepsilon \right), \\ \dfrac{1}{2} \left( \dfrac{1}{2} - \varepsilon \right) + \dfrac{1}{4\varepsilon} \left( x - \dfrac{1}{2} + \varepsilon \right) \left( \dfrac{1}{2} + \varepsilon - x \right) & \left( \dfrac{1}{2} - \varepsilon \leqq x \leqq \dfrac{1}{2} \right) \end{cases}$$

のようになる．特に，$u_\varepsilon \left( \dfrac{1}{2} \right) = \dfrac{1}{4} - \dfrac{\varepsilon}{4}$ である．$u_\varepsilon(x)$ のグラフの概形を図

88 5 弦のつり合いの数理

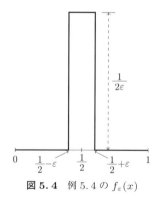

図 5.4 例 5.4 の $f_\varepsilon(x)$

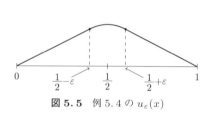

図 5.5 例 5.4 の $u_\varepsilon(x)$

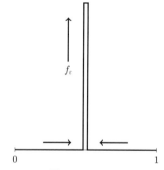

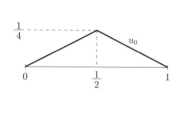

図 5.6 $\varepsilon \to 0$ のときの $f_\varepsilon(x)$ と $u_\varepsilon(x)$ の極限関数 $u_0(x)$

5.5 に示す. $\varepsilon \to 0$ の極限では, $f_\varepsilon$ は $x = \dfrac{1}{2}$ に集中した大きさ 1 の外力を表すと考えることができる. そのとき, $u_\varepsilon$ の極限 $u_0$ は図 5.6 のようにグラフが三角形の関数である. □

## 5.2 弦の境界値問題の解法

一般の $f$ に対する境界値問題

$$u'' = -f(x) \qquad (0 \leqq x \leqq l), \tag{5.7}$$

$$u(0) = u(l) = 0 \tag{5.8}$$

の解法に進もう.

用いる方法は，2階の線形微分方程式の場合の**定数変化法**である．

そのためには，まず，(5.7)において，$f \equiv 0$ としたときの微分方程式

$$u'' \equiv 0 \qquad (0 \leqq x \leqq l) \tag{5.9}$$

の基本解(の組) $\phi(x)$, $\psi(x)$ が必要である．(5.9)を(5.7)に対応する**同次方程式**という．基本解の選び方は一通りではないが，たとえば，

$$\phi(x) = x, \qquad \psi(x) = l - x \tag{5.10}$$

を採用することができる．(5.8)の境界条件のうち，$\phi(x)$ は $\phi(0) = 0$ を，$\psi(x)$ は $\psi(l) = 0$ を満たしていることに注意しておこう．

さて，(5.7)の解 $u(x)$ を，

$$u(x) = C_1(x)\phi(x) + C_2(x)\psi(x) \tag{5.11}$$

とおいて探すのが定数変化法のキーポイントである．(5.9)の一般解は，(5.11)の $C_1, C_2$ を任意定数にとったものであり，(5.11)は，その定数が $x$ の関数として変化することを許した形になっている．これから，定数変化法という呼び名が出たのであろう．

まず，(5.11)から，$u'$ を計算する．

$$u' = C_1\phi' + C_2\psi' + C_1'\phi + C_2'\psi.$$

ここで，$C_1$ と $C_2$ について，新たに，

$$C_1'(x)\phi(x) + C_2'(x)\psi(x) = 0 \qquad (0 \leqq x \leqq l) \tag{5.12}$$

という付加条件を課しておく．そうすると，

$$u' = C_1\phi' + C_2\psi'$$

が得られる．したがって，

$$u'' = C_1'\phi' + C_1\phi'' + C_2'\psi' + C_2\psi''$$

と計算ができる．$\phi'(x) = 1$, $\phi''(x) = 0$, $\psi'(x) = -1$, $\psi''(x) = 0$ も考慮すると，

90　5　弦のつり合いの数理

上の結果は,

$$u'(x) = C_1(x) - C_2(x), \qquad u''(x) = C_1'(x) - C_2'(x)$$

となる. この $u''(x)$ を, (5.7)に代入すると

$$C_1'(x) - C_2'(x) = -f(x) \tag{5.13}$$

が得られる. (5.12), (5.13)が成り立つように $C_1(x)$, $C_2(x)$ を定めればよいのだから, これらを $C_1'(x)$, $C_2'(x)$ に対する連立方程式として解けば

$$C_1'(x) = -\frac{l-x}{l}f(x), \qquad C_2'(x) = \frac{x}{l}f(x) \tag{5.14}$$

である. これより $C_1(x)$, $C_2(x)$ を求めるわけであるが

$$C_1(l) = 0, \qquad C_2(0) = 0$$

となるようにとろう. そうすると, (5.11)の $u(x)$ が両端における境界条件を満足するからである. 結果は,

$$C_1(x) = \int_x^l \frac{(l-y)}{l}f(y)\,dy, \quad C_2(x) = \int_0^x \frac{y}{l}f(y)\,dy \tag{5.15}$$

となる.

これを(5.11)に代入して, 求める境界値問題(5.7), (5.8)の解が

$$u(x) = \int_x^l \frac{x(l-y)}{l}f(y)\,dy + \int_0^x \frac{(l-x)y}{l}f(y)\,dy \tag{5.16}$$

のように得られる.

こうして, すでに確かめた解の一意性も思い出せば, 次の定理が得られる.

**定理 5.5**　境界値問題(5.7), (5.8)は与えられた任意の連続関数 $f$ に対して一意の解をもち, それは(5.16)で与えられる.

## 5.3　グリーン関数

前節の(5.16)の $u(x)$ を簡便な形に書くために, 次で定義される関数 $G(x,y)$

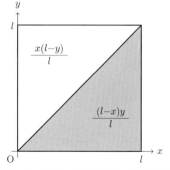

図 5.7 グリーン関数 $G(x, y)$ の定義

を導入する.

$$G(x, y) = \begin{cases} \dfrac{x(l-y)}{l} & (0 \leqq x \leqq y \leqq l), \\ \dfrac{(l-x)y}{l} & (0 \leqq y \leqq x \leqq l). \end{cases} \tag{5.17}$$

この $G(x, y)$ を用いると，(5.16)は

$$u(x) = \int_0^l G(x, y) f(y)\, dy \tag{5.18}$$

と書くことができる．この $G(x, y)$ を境界値問題(5.7), (5.8)の**グリーン関数**[*1]という．

$G(x, y)$ の性質を見ていこう．まず，$G(x, y)$ は $xy$ 平面の正方形(図 5.7)

$$Q = [0, l] \times [0, l] = \{(x, y) \mid 0 \leqq x \leqq l,\ 0 \leqq y \leqq l\}$$

において連続である．対角線 $y = x$ の上で(5.17)の右辺の 2 式が一致するからである．たとえば，$G(x, y)$ のグラフは，図 5.8 のようになる．

$G(x, y)$ は $x$, $y$ に関して対称な関数である．すなわち，

$$G(x, y) = G(y, x)$$

が成り立つ．また，$G(x, y)$ は $Q$ の内部では正で，周上では 0 となる．すなわち

---

[*1] George Green 1793-1841.

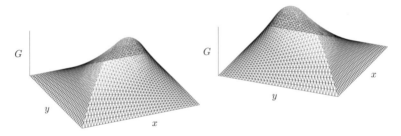

**図 5.8** グリーン関数 $G(x,y)$ の形状．別の視点からながめているだけで，2 つとも同じ関数である．連続であるが，$x=y$ 上に"縁"ができている．

$$G(x,y) \geqq 0 \tag{5.19}$$

である．

## 5.4 安 定 性

外力 $f$ のもとに弦がつり合っているとき，$f$ が少しだけ変われば変位 $u$ も少しだけ変わってから再びつり合う．このような"外から与えられるデータの変化に対応する解の変化"を数学的に考察する視点を説明しよう．

このような考察では，関数の大きさや 2 つの関数の差の大きさを考える必要がある．そのためには，**関数のノルム**を導入しておくと便利である．

関数のノルムとしてはいろいろなものが考えられるが，関数空間が区間 $[0,l]$ 上の連続関数の全体，すなわち，

$$V = C[0,l]$$

であるときには関数 $v \in V$ のノルムとして

$$\|v\| = \max_{0 \leqq x \leqq l} |v(x)| \tag{5.20}$$

を採用するのが標準的である．なお，いろいろなノルムと区別するためには (5.20) のノルムを

$$\|v\|_\infty \quad \text{あるいは} \quad \|v\|_{C[0,l]}$$

のように添え字を付けて示し，言葉では，最大値ノルム，あるいは，max ノルムとよぶ．

なお，(5.20)の定義に基づいて，$\|v\|$ が次の**ノルムの公理**を満足することを確かめるのはやさしい．

**正値性** $\|v\| \geqq 0 \ (v \in V)$，かつ，$\|v\| = 0$ となるのは $v = 0$ のときのみ．
**三角不等式** $\|v + w\| \leqq \|v\| + \|w\| \ (v, w \in V)$．
**同次性** $\|\alpha v\| = |\alpha| \cdot \|v\| \ (v \in V, \ \alpha \in \mathbb{R})$．

さて，(5.7), (5.8)の境界値問題の外力 $f$ と解 $u$ との関係

$$u(x) = \int_0^l G(x, y) f(y) \, dy \tag{5.18}$$

の考察に戻り，$\|u\|$ と $\|f\|$ の関係を調べよう．

定積分の性質とグリーン関数 $G(x, y)$ の具体形(5.17)を用いれば，次のようにして $u$ の評価を導くことができる．まず，

$$\begin{aligned}
\int_0^l G(x, y) \, dy &= \int_0^x \frac{(l-x)y}{l} \, dy + \int_x^l \frac{x(l-y)}{l} \, dy \\
&= \frac{1}{2l}(l-x)x^2 + \frac{x}{2l}(l-x)^2 \\
&= \frac{1}{2}x(l-x)
\end{aligned}$$

より

$$\begin{aligned}
|u(x)| &\leqq \int_0^l G(x, y)|f(y)| \, dy \leqq \int_0^l G(x, y)\|f\| \, dy \\
&= \|f\| \int_0^l G(x, y) \, dy \\
&= \frac{1}{2}x(l-x)\|f\|
\end{aligned}$$

となる．しかし，$\displaystyle\max_{0 \leqq x \leqq l} x(l-x) = \frac{l^2}{4}$ であるから，結局，

$$\|u\| \leqq \frac{l^2}{8}\|f\| \tag{5.21}$$

94    5  弦のつり合いの数理

が導かれる.

不等式(5.21)は次のことを意味している.まず,外力 $f$ の大きさ $\|f\|$ が一定範囲にあれば,変位 $u$ の大きさもそれに応じた一定範囲におさまる.この意味で,境界値問題(5.7), (5.8)の**解は安定**である.特に,$f$ が小さければ $u$ も小さい.

さらに,2つの外力 $f_1$, $f_2$ に対するそれぞれの解を $u_1$, $u_2$ とするとき,$u_1 - u_2$ が外力を $f_1 - f_2$ としたときの解になっていることを考慮すると,(5.21)から

$$\|u_1 - u_2\| \leqq \frac{l^2}{8}\|f_1 - f_2\|$$

であることがわかる.これは $f_1 - f_2$ が小さければ $u_1 - u_2$ も小さいこと,すなわち,変位 $u$ の外力 $f$ に対する**連続性**を意味している.

このように,境界値問題(5.7), (5.8)については,解は一意に存在するだけでなく,外力に対して連続に依存する(解は安定である).

一般の問題についても,任意の外部データに対して,解が一意に存在し,かつ,安定であるとき,その問題は**適正**であるという.したがって,次の定理が検証された.

**定理 5.6**  境界値問題(5.7), (5.8)は適正な問題である.

## 問　題

**問 5.1**  区間 $0 \leqq x \leqq 2$ における境界値問題

$$\frac{d^2 u}{dx^2} = -1 \quad (0 \leqq x \leqq 2), \quad u(0) = 0, \quad u'(2) = 0$$

の解 $u = u(x)$ の,$x = 2$ における値 $u(2)$ を求めよ.

**問 5.2**  (1) $v(x) = Ax + B$ が,微分方程式 $\dfrac{d^2 v}{dx^2} + \dfrac{1}{4}v = x$ を満たすように,定数 $A$, $B$ の値を定めよ.

(2)  区間 $0 \leqq x \leqq \pi$ における境界値問題

$$\frac{d^2u}{dx^2} + \frac{1}{4}u = x, \quad u(0) = u(\pi) = 0$$

の解 $u = u(x)$ を求めよ.

**問 5.3** 連続関数 $f(x) > 0$ $(0 \leqq x \leqq l)$ に対して，境界値問題

$$u'' = -f(x) \quad (0 < x < l), \qquad u(0) = u(l) = 0$$

の解が，$u(x) \geqq 0$ $(0 \leqq x \leqq l)$ を満たすことを，次の 2 つの方法で確かめよ.

(1) グリーン関数表示(5.18)を使う.

(2) $u(x)$ の最小値が負になることを仮定して矛盾を導く.

**問 5.4** (1) 双曲線関数

$$\sinh x = \frac{e^x - e^{-x}}{2}, \quad \cosh x = \frac{e^x + e^{-x}}{2}$$

について，次の公式が成り立つことを確かめよ.

$$\sinh(\alpha + \beta) = \sinh \alpha \cosh \beta + \cosh \alpha \sinh \beta, \tag{5.22}$$

$$(\sinh x)' = \cosh x, \qquad (\cosh x)' = \sinh x. \tag{5.23}$$

(2) $f(x)$ を与えられた連続関数として，関数 $u(x)$ を，

$$u(x) = \int_0^1 G(x, y) f(y) \, dy$$

で定める．ただし，

$$G(x, y) = \begin{cases} \dfrac{\sinh(2y) \cdot \sinh(2(1-x))}{2 \sinh 2} & (0 \leqq y \leqq x \leqq 1), \\[3mm] \dfrac{\sinh(2x) \cdot \sinh(2(1-y))}{2 \sinh 2} & (0 \leqq x \leqq y \leqq 1) \end{cases}$$

としている．この $u(x)$ が，境界値問題

$$u'' - cu = -f(x) \quad (0 < x < 1), \qquad u(0) = u(1) = 0 \tag{5.24}$$

の解であるという．このとき，定数 $c$ の値を求めよ.

**問 5.5** 境界値問題

96  5 弦のつり合いの数理

$$u'' + \pi^2 u = 1 \quad (0 < x < 1), \qquad u(0) = u(1) = 0 \tag{5.25}$$

を考える.

(1) 境界値問題 (5.25) の解 $u(x)$ が, $\displaystyle\int_0^1 u''(x) \sin \pi x \, dx = -\pi^2 \int_0^1 u(x) \sin \pi x \, dx$ を満たすことを確かめよ.

(2) 微分方程式の両辺に $\sin \pi x$ を掛けてからその積分を考えることにより, 矛盾が生じることを確かめよ (すなわち, 境界値問題 (5.25) を満たす関数 $u(x)$ は存在しない).

## ノート

### 5.A 境界値問題とグリーン作用素

一般の $f$ に対する境界値問題

$$u'' = -f(x) \qquad (0 \leqq x \leqq l), \tag{5.26}$$

$$u(0) = u(l) = 0 \tag{5.27}$$

を通じて定まる, 外力 $f$ と解 $u$ との対応を見直しておこう.

まず, 関数の集合 $U$ と $F$ を

$$U = \{ u \in C^2[0, l] \mid u(0) = u(l) = 0 \},$$

$$F = C[0, l]$$

のように定義する.

ただし, $C[0, l]$ は区間 $[0, l]$ 上の連続関数の全体の集合, $C^2[0, l]$ は $u$, $u'$, $u''$ が区間 $[0, l]$ で連続であるような関数 $u$ の全体の集合である.

解 $u$ から (5.26) の右辺 $f$ をつくるのには, $u$ に**微分作用素**

$$A = -\frac{d^2}{dx^2} \tag{5.28}$$

をほどこせばよい. すなわち $f = Au$ である.

逆に, $f$ から解 $u$ をつくるのには, グリーン関数 $G(x, y)$ を核とする**積分作用素** $B$ をほどこせばよい. すなわち

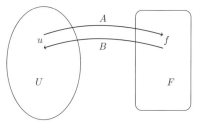

図 5.9 微分作用素 $A$ と積分作用素 $B$

$$u = Bf = \int_0^l G(x,y)f(y)\,dy \tag{5.29}$$

である.

詳しくいえば，$A$ を $U$ から $F$ への写像とみなし，$B$ は $F$ から $U$ への写像とみなすのであるが，上で調べたことによると，$A, B$ は互いに逆作用素である(図 5.9).

微分作用素 $A$ も積分作用素 $B$ も**線形**である．すなわち($B$ について書けば)，

$$\begin{cases} B(f_1 + f_2) = Bf_1 + Bf_2, \\ B(kf) = kBf \end{cases} \tag{5.30}$$

が任意の $f, f_1, f_2 \in F$ および任意の実数 $k$ に対して成り立つ．

実は，$F, U$ がともに**線形な関数空間**(関数のなす線形空間)になっていることを前もって注意しておくべきであった．すなわち

$$\begin{cases} f_1, f_2 \in F \implies f_1 + f_2 \in F, \\ f \in F,\ k \in \mathbb{R} \implies kf \in F, \end{cases} \tag{5.31}$$

かつ

$$\begin{cases} u_1, u_2 \in U \implies u_1 + u_2 \in U, \\ u \in U,\ k \in \mathbb{R} \implies ku \in U \end{cases} \tag{5.32}$$

が成り立つ．ここで，$\mathbb{R}$ は実数全体の集合を表している.

言い換えれば，$F$ も $U$ も線形演算(加法と定数倍)に対して閉じているの

である.

上のような見方は，(5.26)，(5.27)からなる簡単な境界値問題に対しては，いささか大げさすぎる．しかし，このようなデータから解への写像をグリーン関数を積分核とする積分作用素（グリーン作用素）により構成するのが，一般の境界値問題に対する現代風の見方なのである.

### 5.B 一般の境界値問題のグリーン関数

本文では，最も簡単な境界値問題(5.7)，(5.8)を通して，解析の方法や問題意識を例示した．ここでは，一般の場合のイメージづくりを目的として，やや拡張した問題の扱いの概略を述べておこう.

いま，区間 $I = [0, l]$ で定義された関数 $u = u(x)$ に対する微分作用素

$$Lu = (p(x)u')' - q(x)u \tag{5.33}$$

を考える．ここで，与えられた実数値関数 $p, q$，および，$p'$ は連続であるとするが，それに加えて

$$p(x) \geqq \delta_0 > 0, \quad q(x) \geqq 0 \qquad (0 \leqq x \leqq l) \tag{5.34}$$

が成り立つと仮定する．ただし，$\delta_0$ は正の定数である.

そうして，与えられた連続関数 $f(x)$ に対して，微分方程式

$$Lu = -f(x) \qquad (0 \leqq x \leqq l) \tag{5.35}$$

と境界条件

$$u(0) = u(l) = 0 \tag{5.36}$$

からなる境界値問題を考える．問 5.5 の境界値問題(5.25)は，(5.33)で $p(x) = 1$, $q(x) = -\pi^2$ とした場合に対応しており，$q$ は条件(5.34)を満たしていない．そして(5.25)を満たすような関数 $u(x)$ は存在しないのである．一方で，条件(5.34)の下では境界値問題(5.35)，(5.36)は必ず適正になることを証明できる．以下では，このことを説明する.

まず，解の一意性を考察しよう．(5.35)の両辺に $u$ を掛けて $[0, l]$ 上で積

分する．部分積分を行い，かつ，(5.36) を考慮することによって

$$-\int_0^l (Lu)u\ dx = \int_0^l p\cdot(u')^2\ dx + \int_0^l qu^2\ dx$$

が得られることを用いれば，

$$\int_0^l (p\cdot(u')^2 + qu^2)\ dx = \int_0^l fu\ dx \tag{5.37}$$

が導かれる．

　もし，$f\equiv 0$ ならば，(5.37) の左辺の被積分関数の各項が非負であることより

$$p\cdot(u')^2 \equiv 0, \qquad q\cdot u^2 \equiv 0$$

となる．これにより，(5.34) の前半の条件を用いて

$$u' \equiv 0$$

が得られ，$u(x)$ は定数関数となる．さらに境界条件 (5.36) によって，この定数の値は 0 でなければならない．

　結局，

$$f \equiv 0 \quad \Longrightarrow \quad u \equiv 0$$

が示された．これがまた，境界値問題の解の一意性を意味することは (5.5)，(5.6) の場合と同様である．

　次に，解の構成に入る．境界値問題 (5.35)，(5.36) の解を，同次方程式

$$Lu = 0$$

の基本解 $\phi, \psi$ を用いて定数変化法によって構成する．確認しておくと，基本解 $\phi, \psi$ とは，

$$L\phi = (p\phi')' - q\phi = 0, \qquad L\psi = (p\psi')' - q\psi = 0$$

を満たす関数である．さて，

100   5 弦のつり合いの数理

$$u(x) = C_1(x)\phi(x) + C_2(x)\psi(x) \tag{5.38}$$

とおいて，$u(x)$ が(5.35), (5.36)を満たすように関数 $C_1(x)$ と $C_2(x)$ を求める．この際，$C_1$, $C_2$ に，付加条件

$$C_1'\phi + C_2'\psi = 0 \tag{5.12}$$

を課すことは(5.7)の場合と同じである．そうすると，

$$
\begin{aligned}
Lu &= [p(C_1\phi + C_2\psi)']' - q(C_1\phi + C_2\psi) \\
&= [p(C_1'\phi + C_2'\psi) + p(C_1\phi' + C_2\psi')]' - q(C_1\phi + C_2\psi) \\
&= (pC_1\phi' + pC_2\psi')' - q(C_1\phi + C_2\psi) \\
&= C_1'p\phi' + C_2'p\psi' + C_1(p\phi')' + C_2(p\psi')' - C_1q\phi - C_2q\psi \\
&= C_1'p\phi' + C_2'p\psi' + C_1L\phi + C_2L\psi \\
&= p(C_1'\phi' + C_2'\psi')
\end{aligned}
$$

と計算できるので，$C_1$ と $C_2$ を定めるための条件は

$$C_1'\phi + C_2'\psi = 0, \qquad C_1'\phi' + C_2'\psi' = -\frac{f}{p} \tag{5.39}$$

となる．これより $C_1'$, $C_2'$ を解くと，

$$C_1'(x) = \frac{f(x)\psi(x)}{p(x)W(x)}, \qquad C_2'(x) = -\frac{f(x)\phi(x)}{p(x)W(x)} \tag{5.40}$$

となる．ただし，$W(x)$ は

$$W(x) = \begin{vmatrix} \phi(x) & \psi(x) \\ \phi'(x) & \psi'(x) \end{vmatrix} = \phi(x)\psi'(x) - \psi(x)\phi'(x) \tag{5.41}$$

で与えられ，$\phi(x)$, $\psi(x)$ の**ロンスキー行列式**[*2]とよばれる．たとえば，5.2 節で扱った微分方程式(5.7)については

---

[*2]   Józef Maria Hoëne-Wroński 1776-1853.

$$p(x) = 1, \quad q(x) = 0 \qquad (0 \leqq x \leqq l)$$

かつ,

$$W(x) = \begin{vmatrix} x & l-x \\ 1 & -1 \end{vmatrix} = -l$$

である.

実は, 一般に $p(x)W(x)$ は $x$ によらない定数になる. このことを確かめるのは, 関数 $p(x)W(x)$ を微分して結果が $0$ になることを確かめればよい. この定数の値を $-k$ とする. すなわち,

$$p(x)W(x) = -k$$

である. $k$ の値は, 用いる $\phi(x)$, $\psi(x)$ に対して, ある一点, たとえば $x=0$ で計算すればよい.

さて, $\phi(x)$, $\psi(x)$ がそれぞれ左端, 右端の境界条件を満足するように選ばれているとしよう. すなわち,

$$\phi(0) = 0, \qquad \psi(l) = 0$$

とする. このときには, $C_1(l)=0$, $C_2(0)=0$ となるように $C_1(x)$, $C_2(x)$ を定めると, $(5.38)$ の $u(x)$ が境界条件 $(5.36)$ を満たすことになる.

このようにして

$$C_1(x) = \frac{1}{k}\int_x^l \psi(y)f(y)\,dy, \qquad C_2(x) = \frac{1}{k}\int_0^x \phi(y)f(y)\,dy$$

となり, これを $(5.38)$ に代入すると解 $u$ が得られる. その結果は, いまの場合のグリーン関数 $G(x,y)$ を

$$G(x,y) = \begin{cases} \dfrac{1}{k}\phi(x)\psi(y) & (0 \leqq x \leqq y \leqq l), \\[2mm] \dfrac{1}{k}\phi(y)\psi(x) & (0 \leqq y \leqq x \leqq l) \end{cases}$$

によって導入すれば

$$u(x) = \int_0^l G(x, y) f(y) \, dy$$

と表される.

これよりさらに,解の安定性を導く論法も 5.4 節と同様である.したがって,境界値問題(5.35), (5.36) も,係数に対する条件(5.34)のもとで適正である.

# 6
# 熱伝導と波動の数理

変化を伴う様々な現象の表現と解析に微分方程式が活躍する．前章までは，常微分方程式による解析を扱った．しかし，より複雑な現象の解明では，独立変数が 2 個以上の微分方程式，すなわち，偏微分方程式が相手となる．その代表例は，熱の伝わり方を表現する熱方程式や波動・振動などの伝播を記述する波動方程式である．本章では，そうした問題に対する強力な数学的方法であるフーリエ級数を学ぶ．偏微分方程式の素朴な数値解法の一つである差分法による熱方程式と波動方程式の解法にも触れよう．

## 6.1 熱方程式

熱は温度の高いほうから低いほうへと伝わるが，フーリエ[*1]は，この熱の伝わり方を定量的に表現する

"熱流は温度の勾配(傾き)に比例する"

という**フーリエの法則**を見つけた．

この法則から熱の流れを支配する偏微分方程式が導かれる(→ 6. A 項).

これを空間 1 次元の媒質，たとえば，一様な材質でできた針金の熱伝導の

---

*1　Jean-Baptiste Joseph Fourier 1768-1830.

104　6　熱伝導と波動の数理

場合に書けば,

$$\frac{\partial u}{\partial t} = \kappa \frac{\partial^2 u}{\partial x^2} \tag{6.1}$$

となる. これを, **熱伝導方程式**, あるいは, **熱方程式**とよぶ. ここに, $x$ は針金の点の座標であり, $u = u(x,t)$ は時刻 $t$ における点 $x$ での温度である. また, $\kappa$ は針金の材質から定まる正定数であり, 熱拡散率, 熱伝導係数とよばれる.

　ここで記号を確認しておくと, $\dfrac{\partial u}{\partial t}$ は**偏導関数**を表す記号であり

$$\frac{\partial u}{\partial t}(x,t) = \lim_{\Delta t \to 0} \frac{u(x, t+\Delta t) - u(x,t)}{\Delta t}$$

である. これを, 簡単に, $u_t$ と書くことも多い. $u_x$ や $u_{xx}$ の意味も同様である.

　フーリエは熱伝導の解析にあたり, もう一つの重要な発見をした. それは, たとえば, $x$ の区間 $[-\pi, \pi]$ で定義された "任意の関数" $f = f(x)$ は, 無数の係数 $\{a_n\}, \{b_n\}$ を然るべく選ぶことにより

$$f(x) = \sum_{n=0}^{\infty} a_n \cos nx + \sum_{n=1}^{\infty} b_n \sin nx \tag{6.2}$$

の形に表されるという事実である. (6.2)の右辺の級数を関数 $f$ の**フーリエ級数**とよぶ.

　フーリエ級数は熱伝導以外にも多くの応用があり, 現在も数理解析の主要な方法として活用されている. この章でも針金の熱伝導の解析に加えて, 弦の振動の問題における波動方程式に対してフーリエ級数を応用する.

　また, 理論的にいろいろな関数についての(6.2)の収束の吟味は, "任意の関数" を相手とする厳密な解析学の進歩への大きな刺激となった(→ 6.B 項).

## 6.2　フーリエ級数とフーリエ係数

番号付けられた関数の列

$$\{u_n\} = \{u_n\}_{n \geq 0} = \{u_0(x), u_1(x), u_2(x), \ldots\}$$

を**関数列**とよぶ.

任意の関数を表示するのに, 基礎となる関数列 $\{u_n\}$ を定めておき, これらの関数の線形結合

$$c_0 u_0 + c_1 u_1 + \cdots + c_n u_n, \tag{6.3}$$

および, その極限, すなわち無限級数

$$c_0 u_0 + c_1 u_1 + \cdots + c_n u_n + \cdots \tag{6.4}$$

を用いることが多い. この級数を関数列 $\{u_n\}$ による**展開**という. $c_n$ $(n=0, 1, \ldots)$ は展開の**係数**である.

たとえば, $u_n = x^n$ $(n=0, 1, \ldots)$ のときは, (6.3)は多項式であり, (6.4)は冪級数である.

$f(x)$ が(6.4)で表されること, すなわち,

$$f(x) = c_0 + c_1 x + c_2 x^2 + \cdots + c_n x^n + \cdots \tag{6.5}$$

は, $f(x)$ のテイラー展開にほかならない. この場合の係数は,

$$c_n = \frac{f^{(n)}(0)}{n!} \tag{6.6}$$

であることは微分法で学んでいる.

テイラー展開では

$$e^x = 1 + x + \frac{x^2}{2!} + \cdots + \frac{x^n}{n!} + \cdots \qquad (-\infty < x < \infty)$$

のように, 全ての $x$ で展開が成立することもあれば,

$$\frac{1}{1-x} = 1 + x + x^2 + \cdots + x^n + \cdots \qquad (-1 < x < 1)$$

のように, 展開が成立する $x$ の範囲が制限されることもある. しかし, 展開が成立する範囲内では項別微分が許される. すなわち, (6.5)がある区間で成り立つとすれば, その区間では,

$$f'(x) = c_1 + 2c_2 x + 3c_3 x^2 + \cdots + nc_n x^{n-1} + \cdots$$

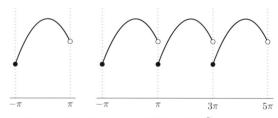

**図 6.1** 関数 $f(x)$ とその周期的な拡張 $\tilde{f}(x) = f(x)$

が成り立つ．このことから，テイラー展開が可能な関数は，いくらでも微分できる滑らかな関数に限られること，したがって，不連続な関数や，グラフが角をもつような関数は，テイラー展開できないことがわかる．

さて，フーリエ級数では展開の基礎となる関数列として

$$\text{余弦関数の列} \quad \{1, \cos x, \cos 2x, \cos 3x, \ldots\},$$

および

$$\text{正弦関数の列} \quad \{\sin x, \sin 2x, \sin 3x, \ldots\}$$

を合わせて用いる．

いま，上の正弦・余弦関数の列を用いて関数 $f(x)$ の次の形の展開，すなわち，**フーリエ展開**が可能であると仮定する．すなわち，

$$f(x) = \sum_{n=0}^{\infty} a_n \cos nx + \sum_{n=1}^{\infty} b_n \sin nx \tag{6.2}$$

の形を仮定する．ここで係数 $a_n, b_n$ は関数 $f(x)$ の**フーリエ係数**とよばれる．

(6.2)の右辺は周期 $2\pi$ をもっている．したがって，関数 $f(x)$ も周期 $2\pi$ をもつと考えるべきである．もし，最初に与えられた関数が区間 $I = [-\pi, \pi]$ で定義されているならば，図 6.1 のように，$f(x)$ を周期 $2\pi$ で周期的に拡張した関数 $\tilde{f}(x)$ を考えればよい．

ただし，以後は，$f(x)$ の周期的な拡張 $\tilde{f}(x)$ も同じ記号 $f(x)$ で表すものとする．

テイラー展開の係数 $c_n$ は(6.6)で与えられるのであった．フーリエ係数の場合はどうであろうか．

いま，周期 $2\pi$ の連続関数 $f(x)$ に対して，(6.2) が成り立ち，かつ，右辺の級数が一様収束しているものと仮定する．そうすると，右辺の級数に関して項別積分が可能である．級数に有界な関数を掛けてからでも同じことが許される（6.B 項に，一様収束に関する補足をまとめた）．

　具体的に計算するために，自然数 $m$ を固定し，$\cos mx$ を (6.2) の両辺に掛けてから，$-\pi$ から $\pi$ まで積分しよう．すると，

$$
\begin{aligned}
&\int_{-\pi}^{\pi} f(x) \cos mx \; dx \\
&\quad = \sum_{n=0}^{\infty} a_n \int_{-\pi}^{\pi} \cos nx \cos mx \; dx + \sum_{n=1}^{\infty} b_n \int_{-\pi}^{\pi} \sin nx \cos mx \; dx \quad (6.7)
\end{aligned}
$$

となる．

　さて，2 つの自然数 $m, n$ について，$m \neq n$ のとき，正弦・余弦関数の直交性とよばれる，次の関係が知られている．

$$
\begin{cases}
\displaystyle \int_{-\pi}^{\pi} \cos mx \cos nx \; dx = 0, \\[2mm]
\displaystyle \int_{-\pi}^{\pi} \sin mx \sin nx \; dx = 0, \\[2mm]
\displaystyle \int_{-\pi}^{\pi} \cos mx \sin nx \; dx = 0 \quad (\text{これは } m = n \text{ でもよい}).
\end{cases} \quad (6.8)
$$

(6.8) を確かめることは，たとえば，最初のものについては

$$
\cos mx \cos nx = \frac{1}{2}\{\cos(m+n)x + \cos(m-n)x\}
$$

といった三角関数の公式と，正弦関数の周期性に基づく等式

$$
\int_{-\pi}^{\pi} \cos kx \; dx = \left[\frac{\sin kx}{k}\right]_{-\pi}^{\pi} = 0 \qquad (k \text{ は } 0 \text{ でない整数})
$$

を用いて計算すればすぐにできる．

　さて，直交性 (6.8) を用いると，(6.7) から

$$
\int_{-\pi}^{\pi} f(x) \cos mx \; dx = a_m \int_{-\pi}^{\pi} \cos^2 mx \; dx
$$

となる．ところが，

$$\int_{-\pi}^{\pi} \cos^2 mx \, dx = \frac{1}{2} \int_{-\pi}^{\pi} (\cos 2mx + 1) \, dx$$

$$= \frac{1}{2} \left[ \frac{\sin 2mx}{2m} + x \right]_{-\pi}^{\pi} = \pi$$

であるから

$$a_m = \frac{1}{\pi} \int_{-\pi}^{\pi} f(x) \cos mx \, dx \tag{6.9}$$

が得られる. 同様に $m$ を自然数とするとき

$$b_m = \frac{1}{\pi} \int_{-\pi}^{\pi} f(x) \sin mx \, dx$$

が得られる.

$a_0$ だけは (6.2) を項別積分して得られる等式

$$\int_{-\pi}^{\pi} f(x) \, dx = a_0 \int_{-\pi}^{\pi} dx = 2\pi a_0$$

から

$$a_0 = \frac{1}{2\pi} \int_{-\pi}^{\pi} f(x) \, dx = \frac{1}{2\pi} \int_{-\pi}^{\pi} f(x) \cos 0x \, dx$$

となるが, これでは (6.9) で $m = 0$ とした場合に合わない. そこで, $2a_0$ を改めて $a_0$ とおく. さらに $m$ の代わりに $n$ と書くことにすると, 関数 $f(x)$ のフーリエ係数を計算する公式

$$\begin{cases} a_n = \dfrac{1}{\pi} \int_{-\pi}^{\pi} f(x) \cos nx \, dx \quad (n = 0, 1, 2, \ldots), \\[3mm] b_n = \dfrac{1}{\pi} \int_{-\pi}^{\pi} f(x) \sin nx \, dx \quad (n = 1, 2, 3, \ldots) \end{cases} \tag{6.10}$$

が得られる. この係数を用いたものが $f(x)$ のフーリエ級数であるが, $a_0$ をとり直したので, その形は (6.2) 式とは定数項だけが異なり,

$$f(x) = \frac{a_0}{2} + \sum_{n=1}^{\infty} (a_n \cos nx + b_n \sin nx) \tag{6.11}$$

となる. 今後は, (6.10) の係数を用いた (6.11) の右辺を $f(x)$ のフーリエ級数とよぶ.

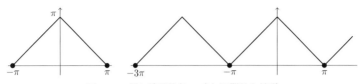

**図 6.2** 折れ線関数(6.12)と周期的な拡張

なお，(6.10)から次のことがわかる．すなわち，もし $f(x)$ が偶関数ならば，$f(x)\sin nx$ は奇関数となるので，$b_n = 0$ であり，そのフーリエ級数には余弦関数の項だけが登場する．他方で，$f(x)$ が奇関数ならば $a_n = 0$ となり，そのフーリエ級数には正弦関数の項だけが登場する．

**例 6.1** グラフが折れ線であるような関数の例を扱ってみよう．すなわち，

$$f(x) = \pi - |x| \qquad (-\pi \leqq x \leqq \pi) \tag{6.12}$$

について考える(図 6.2)．

この $f(x)$ を周期 $2\pi$ で拡張したものを，やはり $f(x)$ で表そう(図 6.2)．(6.10)に従って $f(x)$ のフーリエ係数を求める．$f(x)$ が偶関数であるから $b_n = 0$ $(n = 1, 2, \ldots)$ であり，そのフーリエ級数には余弦関数の項のみが現れ，

$$f(x) = \frac{a_0}{2} + \sum_{n=1}^{\infty} a_n \cos nx$$

となる．係数 $a_n$ の計算は次のようになる．$n \neq 0$ ならば，

$$\begin{aligned}
\pi a_n &= \int_{-\pi}^{\pi} f(x) \cos nx \, dx = 2\int_0^{\pi}(\pi - x)\cos nx \, dx \\
&= 2\left[(\pi - x)\frac{\sin nx}{n}\right]_0^{\pi} + 2\int_0^{\pi} \frac{\sin nx}{n} \, dx \\
&= \frac{2}{n^2}(1 - \cos n\pi) = \begin{cases} \dfrac{4}{n^2} & (n \text{ が奇数}), \\ 0 & (n \text{ が偶数}). \end{cases}
\end{aligned}$$

また，

$$\pi a_0 = 2\int_0^{\pi}(\pi - x)\,dx = \pi^2$$

である．

したがって，$f(x)$ のフーリエ級数は

$$f(x) = \frac{\pi}{2} + \frac{4}{\pi}\left(\frac{\cos x}{1^2} + \frac{\cos 3x}{3^2} + \frac{\cos 5x}{5^2} + \cdots\right) \tag{6.13}$$

となる. □

例 6.2　次に簡単な階段関数の例を扱う (図 6.3). すなわち，$-\pi \leqq x < \pi$ の範囲では

$$f(x) = \begin{cases} 1 & (0 < x < \pi), \\ 0 & (x = -\pi, 0), \\ -1 & (-\pi < x < 0) \end{cases} \tag{6.14}$$

で表され，周期 $2\pi$ をもつ関数 $f$ のフーリエ展開を導いてみよう．図 6.3 のグラフからもわかるように，$f(x)$ は奇関数である．したがって，そのフーリエ級数には正弦項のみが現れ，

$$f(x) = \sum_{n=1}^{\infty} b_n \sin nx$$

と書けるはずである．係数 $b_n$ を (6.10) に従って計算すれば

$$\begin{aligned} \pi b_n &= \int_{-\pi}^{\pi} f(x) \sin nx \, dx = 2\int_0^{\pi} f(x) \sin nx \, dx \\ &= 2\int_0^{\pi} \sin nx \, dx = 2\left[-\frac{\cos nx}{n}\right]_0^{\pi} \\ &= 2 \cdot \frac{(-1)^{n+1}+1}{n} = \begin{cases} \dfrac{4}{n} & (n = \text{奇数}), \\ 0 & (n = \text{偶数}) \end{cases} \end{aligned}$$

が得られる．したがって，求める $f(x)$ のフーリエ展開は

$$f(x) = \frac{4}{\pi}\left(\sin x + \frac{\sin 3x}{3} + \frac{\sin 5x}{5} + \cdots + \frac{\sin(2k-1)x}{2k-1} + \cdots\right)$$

であることがわかる． □

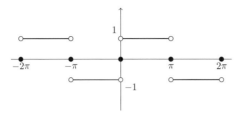

**図 6.3** 階段関数(6.14)の周期的拡張

## 6.3 針金の熱伝導

本節では，フーリエ級数の応用，すなわち，フーリエ級数を用いた熱伝導現象の解析を行う．

### (a) 初期値境界値問題

いま $x$ 軸上の区間 $[0,\pi]$ に張られた針金における温度分布 $u(x,t)$ を問題とする．ただし $u(x,t)$ は時刻 $t$，点 $x$ における針金の温度である．この章の最初で触れたように，$u(x,t)$ は熱伝導方程式

$$\frac{\partial u}{\partial t} = \kappa \frac{\partial^2 u}{\partial x^2} \tag{6.1}$$

に従って変化するのであった．

針金の端点を図6.4のようにA, Bで表す．針金の温度変化を論じるにはA, Bでの物理的な状況設定が必要である．もし，この両端が一定の温度，たとえば，0度に保たれているのであれば，$u$ は境界条件

$$u(0,t) = u(\pi,t) = 0 \tag{6.15}$$

を満足することになる．これを，ディリクレ境界条件[*2]という．もし，端点で熱の出入りがない状態が保たれている，すなわち，断熱の状態であれば，フーリエの法則により，そこでは温度勾配が0であるから，境界条件

---

[*2] Johann Peter Gustav Lejeune Dirichlet 1805-1859.

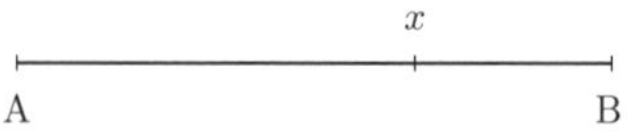

112    6  熱伝導と波動の数理

図 6.4  針金の熱伝導

$$\frac{\partial u}{\partial x}(0,t) = \frac{\partial u}{\partial x}(\pi,t) = 0 \tag{6.16}$$

が成り立たねばならない．これを，ノイマン境界条件[*3]という．以下では，境界条件が(6.15)である場合を主として扱うことにする．

さて，温度変化の考察を $t=0$ から始めるとすると，この初期時刻での温度分布を与えられたものとして出発する．すなわち，$u(x,t)$ には初期条件

$$u(x,0) = f(x) \tag{6.17}$$

が課せられる．ただし，$f(x)$ は区間 $[0,\pi]$ で与えられた関数である．$f(x)$ も境界条件(6.15)を満足していると仮定しておこう．

こうして，この針金における熱伝導の解析は，熱伝導方程式(6.1)，境界条件(6.15)，初期条件(6.17)からなる**初期値境界値問題**に帰着する．

## (b) 解の一意性

物理的には当然のこととみなしてもよさそうであるが，上の初期値境界値問題の解の一意性，すなわち，与えられた $f(x)$ に対して解は一つしかないことを数学的に証明してみよう．

そのために，同じ $f(x)$ に対して(6.1), (6.15), (6.17)の初期値境界値問題に 2 つの解 $u_1(x,t)$, $u_2(x,t)$ があったとする．このとき

$$w(x,t) = u_1(x,t) - u_2(x,t)$$

とおけば，$w(x,t)$ は次の(6.18)-(6.20)を満足する．

---

[*3]  Carl (Karl) Gottfried Neumann 1832-1925.

$$\frac{\partial w}{\partial t} = \kappa \frac{\partial^2 w}{\partial x^2}, \tag{6.18}$$

$$w(0,t) = w(\pi,t) = 0, \tag{6.19}$$

$$w(x,0) = 0. \tag{6.20}$$

ここで，補助関数 $J(t)$ を，

$$J(t) = \int_0^\pi w(x,t)^2 \, dx$$

により導入する．$t \geqq 0$ における $J(t)$ の増減を調べるために，$t$ で微分すると

$$\begin{aligned}
\frac{dJ(t)}{dt} &= 2\int_0^\pi w\frac{\partial w}{\partial t} \, dx \\
&= 2\int_0^\pi w\cdot\kappa\frac{\partial^2 w}{\partial x^2} \, dx \qquad ((6.18)\text{による}) \\
&= -2\kappa\int_0^\pi \left(\frac{\partial w}{\partial x}\right)^2 dx. \qquad ((6.19)\text{を用いて部分積分})
\end{aligned}$$

よって，$\dfrac{dJ(t)}{dt} \leqq 0$ であることがわかる．すなわち $J(t)$ は $t$ の減少関数である．したがって，(6.20)により，$J(0) = 0$ であることも考慮して，

$$J(t) \leqq 0 \qquad (t \geqq 0)$$

である．一方，$J(t)$ の定義から，明らかに，$J(t) \geqq 0$ なので，結局

$$J(t) = 0 \qquad (t \geqq 0)$$

が得られる．これからさらに，$w(x,t) \equiv 0$ が導かれ，目標とする

$$u_1(x,t) = u_2(x,t) \qquad (0 \leqq x \leqq \pi,\ t \geqq 0)$$

が得られる．すなわち，初期値境界値問題の解は(もし存在すれば)ただ一つである．

## (c) 解 の 構 成

初期値境界値問題(6.1)，(6.15)，(6.17)の解を具体的に求めてみよう．最初に，$n$ を自然数とするとき

$$\psi_n(x,t) = e^{-\kappa n^2 t} \sin nx \tag{6.21}$$

は, (6.1)および(6.15)を満足する関数である. 実際, $\psi_n(0,t) = 0$ となることは明らかであるが, $n$ が自然数なので $\psi_n(\pi,t) = 0$ も成り立つ. 偏微分方程式(6.1)を満足することは代入によりすぐにわかる.

ここでどのようにして(6.21)の解を見つけるかについて説明したい. これもフーリエが発見した方法であり, **フーリエの変数分離の方法**とよばれる.

その方法では, まず, $t$ だけの関数と $x$ だけの関数の積の形, すなわち,

$$u(x,t) = \varphi(x)\eta(t) \tag{6.22}$$

の形の関数で(6.1), (6.15)を満たすものを探す. (6.22)の関数が(6.1)を満たすための条件は, 代入により

$$\eta'(t)\varphi(x) = \kappa\eta(t)\varphi''(x)$$

であることがわかる. これは

$$\frac{\eta'(t)}{\kappa\eta(t)} = \frac{\varphi''(x)}{\varphi(x)} \tag{6.23}$$

と書き直されるが, この(6.23)の両辺の共通値は $t, x$ によらない定数である. なぜなら, 共通値が $t$ によらないことは(6.23)の右辺を見ればわかるし, 逆に, $x$ によらないことは(6.23)の左辺を見ればわかるからである. よって, ある定数 $\lambda$ に対して

$$\frac{\eta'(t)}{\kappa\eta(t)} = \frac{\varphi''(x)}{\varphi(x)} = \lambda \tag{6.24}$$

が成り立つことになるが, この右側の等号から

$$\varphi''(x) = \lambda\varphi(x) \tag{6.25}$$

が導かれる.

この方程式の解で, 境界条件 $\varphi(0) = \varphi(\pi) = 0$ を満たし, $\varphi \equiv 0$ ではないものとして

$$\lambda = -n^2, \quad \varphi(x) = \sin nx \qquad (n = 1, 2, \ldots)$$

をとることができる(固有値問題の解である). $\lambda$ がこのように定められたので, (6.24)の左の等号から

$$\eta'(t) = \kappa \lambda \eta(t) = -\kappa n^2 \eta(t)$$

が導かれる. この方程式の解として

$$\eta(t) = e^{-\kappa n^2 t}$$

をとり, すでに得た $\varphi(x)$ とともに(6.22)に代入すれば, (6.21)が得られる. これがフーリエの方法である.

微分方程式(6.1)は線形であるから, 解 $\psi_n(x, t)$ の定数倍 $d_n \psi_n(x, t)$ も, そのような関数を $N$ 個加え合わせた線形結合

$$\sum_{n=1}^{N} d_n e^{-\kappa n^2 t} \sin nx$$

も(6.1)を満たす. この関数が, 境界条件(6.15)を満たすことは明らかである. さらには無限和もやはり解である. すなわち, $d_n$ を係数として

$$u(x, t) = \sum_{n=1}^{\infty} d_n e^{-\kappa n^2 t} \sin nx \tag{6.26}$$

とおくと, $u(x, t)$ は(6.1)および(6.15)を満たす. あとは, $u(x, t)$ が初期条件 (6.17)を満たすように係数 $d_n$ を選ぶだけである. すなわち,

$$\sum_{n=1}^{\infty} d_n \sin nx = f(x) \tag{6.27}$$

が成り立つように $d_n$ を定めるのである.

さて, 正弦関数だけからできている(6.27)の左辺が奇関数であることを考慮して, $f(x)$ を原点の左側へ奇関数になるように拡張する. そうして得られた奇関数を $\tilde{f}(x)$ で表す(図6.5).

そうすると(6.27)の代わりに

$$\sum_{n=1}^{\infty} d_n \sin nx = \tilde{f}(x) \qquad (-\pi \leqq x \leqq \pi)$$

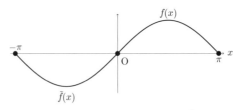

図 6.5　関数 $f(x)$ の奇関数拡張 $\tilde{f}(x)$

が成り立つように $d_n$ を決めることになる．この等式は $\tilde{f}(x)$ のフーリエ展開にほかならない．$\tilde{f}(x)$ が奇関数であるから余弦関数の項は登場していない．(6.10) によれば $\tilde{f}(x)$ の正弦項 $\sin nx$ に対するフーリエ係数 $b_n$ は，

$$b_n = \frac{1}{\pi}\int_{-\pi}^{\pi}\tilde{f}(x)\sin nx\,dx = \frac{2}{\pi}\int_{0}^{\pi}f(x)\sin nx\,dx$$

となる．この $b_n$ を $d_n$ に用いればいい．すなわち

$$d_n = \frac{2}{\pi}\int_0^{\pi} f(x)\sin nx\,dx \tag{6.28}$$

である．結局，この $d_n$ を用いたときの，(6.26) で定義される $u(x,t)$ が求める初期値境界値問題の解である．

境界条件だけが (6.16) で置き換えられた初期値境界値問題も同様にして解くことができる．結果だけを示すと，解は次のようになる．

$$u(x,t) = \frac{1}{2}c_0 + \sum_{n=1}^{\infty} c_n e^{-\kappa n^2 t}\cos nx. \tag{6.29}$$

ここで，

$$c_n = \frac{2}{\pi}\int_0^{\pi} f(x)\cos nx\,dx \tag{6.30}$$

である．

## 6.4　弦の振動

バイオリン等の弦楽器の弦は両端を固定されていて，横に引っ張ったり，はじいたりすると振動を起こす．こうした弦の横振動をフーリエ級数を用いて解析してみよう．

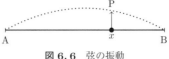

**図 6.6** 弦の振動

いま，考える弦は $x$ 軸上の区間 $[0, \pi]$ に張られてあり，したがって，両端 A, B の座標がそれぞれ $x=0, x=\pi$ であるものとする(図 6.6).

時刻 $t$ における座標 $x$ の点 P の変位，いまの場合は $x$ 軸に垂直な方向の変位を $u(x,t)$ で表すと，変位が微小な範囲では，弦の振動を支配する方程式は

$$\frac{\partial^2 u}{\partial t^2} = c^2 \frac{\partial^2 u}{\partial x^2} \tag{6.31}$$

で与えられる．ここで $c$ は弦の密度や張力によって定まる正の定数である．

一般に(6.31)の形の方程式は，変化が時間とともに一定の速さで空間を伝わる現象，いわゆる波動現象を記述する際に登場するので，**波動方程式**とよばれる((6.31)はその 1 次元の場合である)．波動現象の場合には，上の定数 $c$ は波動の伝播速度の意味をもっている．

実際，弦の問題を離れて方程式(6.31)自体に着目すると，代入によってすぐ確かめられるように，$\phi$ を 1 変数の任意の関数として，

$$u(x,t) = \phi(x - ct)$$

は(6.31)の解になっている．この解のグラフは $\phi$ のグラフを $x$ 軸の正の方向に $ct$ だけ平行移動したものであり，したがって，時間が経つとともに一定速度 $c$ で $x$ 軸の正の方向に進行する．同様に，

$$u(x,t) = \phi(x + ct)$$

も(6.31)の解であるが，これは，$x$ 軸の負の方向に速度 $c$ で進行する解になっている．

弦の振動に戻ろう．$u(x,t)$ に対する境界条件は，両端で弦が固定されているので

$$u(0,t) = u(\pi, t) = 0 \tag{6.32}$$

118　6　熱伝導と波動の数理

となる．また，初期条件は $t = 0$ における各点 P の垂直方向への変位および速度を指定することに相当して

$$u(x,0) = f(x), \quad \frac{\partial u}{\partial t}(x,0) = g(x) \tag{6.33}$$

が課せられる．

　このように弦の横振動の解析は，与えられた関数 $f(x)$, $g(x)$ に対して (6.31), (6.32), (6.33) を満足する $u = u(x,t)$ を求める初期値境界値問題に帰着するのである．

　この初期値境界値問題についても解の一意性が成り立つが，ここではそれに立ち入らず，フーリエの方法による解の構成だけを行うことにする．

　さて，フーリエの方法における変数分離型の解を $\varphi(x)\eta(t)$ とおいて (6.31) に代入すれば，$\lambda$ を定数として

$$\frac{\eta''(t)}{c^2\eta(t)} = \frac{\varphi''(x)}{\varphi(x)} = \lambda \tag{6.34}$$

が得られる．これから $\varphi(x)$ を定める条件は，境界条件 (6.32) も考慮して，固有値問題

$$\varphi''(x) = \lambda\varphi(x), \qquad \varphi(0) = \varphi(\pi) = 0$$

に帰着する．この固有値問題の解は

$$\lambda = -n^2, \qquad \varphi(x) = \sin nx \qquad (n = 1, 2, \ldots)$$

となる．この $\lambda$ の値を用いると，$\eta(t)$ を定める条件は，(6.34) から

$$\eta''(t) = -c^2 n^2 \eta(t)$$

となる．この 2 階微分方程式の独立な解を，それぞれ，初期条件

$$\begin{cases} \eta(0) = 1, \\ \eta'(0) = 0 \end{cases} \quad \text{および} \quad \begin{cases} \eta(0) = 0, \\ \eta'(0) = 1 \end{cases}$$

に応じて選ぶと

$$\eta(t) = \cos nct, \qquad \eta(t) = \frac{1}{nc}\sin nct$$

の2つの解が得られる．結局，フーリエの方法における変数分離型の解として

$$\cos nct \sin nx, \qquad \frac{1}{nc}\sin nct \sin nx \qquad (n = 1, 2, \ldots)$$

という2組の関数列が得られた．これらの関数の重ね合わせ，すなわち，適当な係数を掛けて総和をとった形に $u(x,t)$ をおく．そうすると，あとは初期条件に合わせるだけである．すなわち，

$$u(x,t) = \sum_{n=1}^{\infty} \alpha_n \cos nct \sin nx + \sum_{n=1}^{\infty} \beta_n \frac{1}{nc}\sin nct \sin nx \qquad (6.35)$$

が，(6.33)を満たすように係数 $\alpha_n$, $\beta_n$ を選びたい．(6.35)で $t=0$ とおいたもの，また，$t$ で微分してから $t=0$ とおいたものが，それぞれ，$f(x)$, $g(x)$ と等しいので，

$$\sum_{n=1}^{\infty} \alpha_n \sin nx = f(x), \qquad \sum_{n=1}^{\infty} \beta_n \sin nx = g(x) \qquad (6.36)$$

が得られる．これらの条件から，前節と同様にして，

$$\alpha_n = \frac{2}{\pi}\int_0^{\pi} f(x)\sin nx \; dx, \qquad \beta_n = \frac{2}{\pi}\int_0^{\pi} g(x)\sin nx \; dx \qquad (6.37)$$

が導かれる．言い換えれば，$f(x)$, $g(x)$ から(6.37)に従って計算した係数を(6.35)に用いたものが求める初期値境界値問題の解である．

## 6.5 熱方程式の差分解法

改めて，未知関数 $u = u(x,t)$ に対する熱方程式

$$\frac{\partial u}{\partial t} = \kappa \frac{\partial^2 u}{\partial x^2} \qquad (0 < x < \pi, \; t > 0) \qquad (6.38)$$

を，ディリクレ境界条件

$$u(0,t) = u(\pi,t) = 0 \qquad (t > 0) \qquad (6.39)$$

120    6 熱伝導と波動の数理

と初期条件

$$u(x, 0) = f(x) \qquad (0 \leqq x \leqq \pi) \tag{6.40}$$

のもとで解く初期値境界値問題を考える. ただし, $\kappa$ は正の定数, $f(x)$ は区間 $[0, \pi]$ で与えられた関数である.

6.3 節で考察したように, この問題の解は

$$u(x, t) = \sum_{n=1}^{\infty} \left( \frac{2}{\pi} \int_0^{\pi} f(x) \sin nx \, dx \right) e^{-\kappa n^2 t} \sin nx \tag{6.41}$$

で表現できる $(\to (6.26)$ と $(6.28))$. しかし, $f(x)$ が具体的に与えられても, $(6.41)$ を通じて, $u(x, t)$ の変化の様子を視覚的に捉えることは難しい. また, たとえば, 特定の場所での数値が必要な場合も, $(6.41)$ は便利ではない.

一般的に, 偏微分方程式の解の具体的な情報を得るためには, 数値的方法に基づく近似解法, すなわち, 数値解法が便利であることが多い. この節と続く 6.6 節では, 数値解法の中で, 最も基本的であり, 応用範囲も広い, 差分法を紹介する.

差分法は, 導関数の値を**差分商**とよばれる分数で置き換えることに基づいている. たとえば, 滑らかな関数 $v(x)$ の $x = a$ における微分係数とは,

$$\frac{dv}{dx}(a) = \lim_{h \to 0} \frac{v(a+h) - v(a)}{h}$$

である. したがって, 十分小さな正数 $h$ に対して, 分数

$$\frac{v(a+h) - v(a)}{h} \tag{6.42}$$

の値は $\frac{dv}{dx}(a)$ の値に十分近いことが期待される. これを,

$$\frac{dv}{dx}(a) \approx \frac{v(a+h) - v(a)}{h} \tag{6.43}$$

と書くことにしよう. また, 分数 $(6.42)$ を, $\frac{dv}{dx}(a)$ に対する**前進差分商**とよぶ. 同様に考えて, **後退差分商**

$$\frac{dv}{dx}(a) \approx \frac{v(a) - v(a-h)}{h} \tag{6.44}$$

や, **中心差分商**

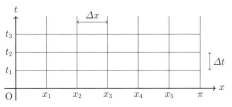

**図 6.7** 格子点集合の例($N=5$)

$$\frac{dv}{dx}(a) \approx \frac{v(a+\frac{h}{2}) - v(a-\frac{h}{2})}{h} \tag{6.45}$$

も近似として用いることができる．

2階の導関数については，中心差分商を2回続けて適用することにより，

$$\frac{d^2v}{dx^2}(a) \approx \frac{1}{h} \frac{v(a+\frac{h}{2}+\frac{h}{2}) - v(a-\frac{h}{2}+\frac{h}{2})}{h}$$

$$-\frac{1}{h} \frac{v(a+\frac{h}{2}-\frac{h}{2}) - v(a-\frac{h}{2}-\frac{h}{2})}{h}$$

$$= \frac{v(a-h) - 2v(a) + v(a+h)}{h^2} \tag{6.46}$$

という近似式が得られる．これを，**2階の中心差分商**とよぶ．

初期値境界値問題(6.38)-(6.40)に戻り，$x$の区間$[0,\pi]$を，$N+1$等分して，$x_i = i\Delta x$ $(i=0,\ldots,N+1)$とする．ただし，$N$は正の整数であり，$\Delta x = \frac{\pi}{N+1}$とおいている．次に，正数$\Delta t$をとって，$t_n = n\Delta t$とする．このようにして，$x$方向には間隔$\Delta x$の，$t$方向には間隔$\Delta t$の格子点の集合

$$\{(x_i, t_n) \mid 0 \leqq i \leqq N+1,\ n \geqq 0\} \tag{6.47}$$

をつくる(図6.7を見よ)．格子点の各点における$u(x_i, t_n)$の近似値を

$$u(x_i, t_n) \approx U_{i,n}$$

で表す．

格子点の各点で，$U_{i,n}$を求めるための方程式を導くために，微分方程式に現れる偏導関数を，

122    6    熱伝導と波動の数理

$$\frac{\partial u}{\partial t}(x_i, t_n) \approx \frac{u(x_i, t_n + \Delta t) - u(x_i, t_n)}{\Delta t},$$

$$\frac{\partial^2 u}{\partial x^2}(x_i, t_n) \approx \frac{u(x_i - \Delta x, t_n) - 2u(x_i, t_n) + u(x_i + \Delta x, t_n)}{(\Delta x)^2}$$

と近似する．すなわち，(6.38)の代わりに，**差分方程式**

$$\frac{U_{i,n+1} - U_{i,n}}{\Delta t} = \kappa \frac{U_{i-1,n} - 2U_{i,n} + U_{i+1,n}}{(\Delta x)^2} \quad (1 \leqq i \leqq N,\ n \geqq 0) \quad (6.48)$$

を考えるわけである．境界条件と初期条件は，そのまま，

$$U_{0,n} = U_{N+1,n} = 0 \qquad (n \geqq 1), \tag{6.49}$$

$$U_{i,0} = f(x_i) \qquad (0 \leqq i \leqq N+1) \tag{6.50}$$

とすればよい．

まとめると，熱方程式に対する初期値境界値問題(6.38)–(6.40)に対する差分解法は，次のようになる．まず，(6.50)で，$\{U_{i,0}\}_{0 \leqq i \leqq N+1}$ を計算する．そして，

$$\lambda = \kappa \frac{\Delta t}{(\Delta x)^2} \tag{6.51}$$

とおいて，(6.48)と(6.49)を，

$$\begin{cases} U_{0,n+1} = 0, \\ U_{i,n+1} = (1 - 2\lambda)U_{i,n} + \lambda(U_{i-1,n} + U_{i+1,n}) & (1 \leqq i \leqq N), \\ U_{N+1,n+1} = 0 \end{cases} \tag{6.52}$$

と書き直す．これを用いて，$n \geqq 0$ に対して，$\{U_{i,n+1}\}_{1 \leqq i \leqq N}$ を計算するわけである．

例6.3　折れ線関数

$$f(x) = \begin{cases} x & \left(0 \leqq x \leqq \dfrac{\pi}{2}\right), \\ \pi - x & \left(\dfrac{\pi}{2} < x \leqq \pi\right) \end{cases} \tag{6.53}$$

## 6.5 熱方程式の差分解法

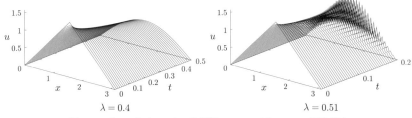

**図 6.8** (6.48)-(6.50)の計算例．$\kappa = 1$, $N = 125$, 初期値は (6.53)としている．

を初期値にして，差分方程式の初期値境界値問題(6.48)-(6.50)を解いてみよう．計算結果を，図6.8に示す．左の図は $\lambda = 0.4$ のとき，右の図は $\lambda = 0.51$ のときの結果である．$\lambda = 0.4$ の場合は，正しく近似解が求まっているが，$\lambda = 0.51$ のときには不自然な振動が生じてしまい，正しく計算ができていない．□

この例が示唆するように，(6.51)で定義した $\lambda$ には条件が必要である．実は，

$$\lambda \leq \frac{1}{2} \tag{6.54}$$

を満たすように選んでおかねばならない．実際，この条件のもとでは，(6.52)の両辺の絶対値をとり，$1 - 2\lambda \geq 0$ に注意して，三角不等式を使うと

$$|U_{i,n+1}| \leq (1-2\lambda)|U_{i,n}| + \lambda(|U_{i-1,n}| + |U_{i+1,n}|) \quad (1 \leq i \leq N)$$

となる．ここで，$M_n = \max_{1 \leq i \leq N} |U_{i,n}|$ とおくと，この不等式により，$|U_{i,n+1}| \leq (1-2\lambda)M_n + \lambda(M_n + M_n) = M_n$ となるから，両辺の $i$ についての最大値をとると，$M_{n+1} \leq M_n$ を得る．したがって，$M_n \leq M_0$，すなわち，

$$\max_{1 \leq i \leq N} |U_{i,n}| \leq \max_{1 \leq i \leq N} |f(x_i)| \quad (n \geq 1)$$

が得られ(差分法の解の安定性)，差分法の解が発散しないことがわかる．

**例 6.4** 初期値として滑らかな関数

$$f(x) = x^2 \sin^2(3x), \tag{6.55}$$

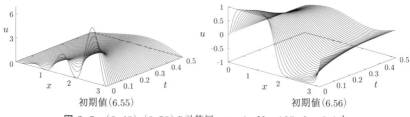

**図 6.9** (6.48)-(6.50)の計算例．$\kappa = 1$, $N = 125$, $\lambda = 0.4$ としている．

および，不連続な関数

$$f(x) = \begin{cases} 1 & \left(0 \leqq x \leqq \dfrac{\pi}{2}\right), \\ -1 & \left(\dfrac{\pi}{2} < x \leqq \pi\right) \end{cases} \quad (6.56)$$

を採用しよう．計算結果を，図 6.9 に示す．初期値が不連続であっても，数値解は，$t > 0$ では滑らかな関数を近似していることが観察できる．実際，初期値 $f(x)$ が不連続であっても，熱方程式の解は $t > 0$ で十分に滑らかな関数になる．この性質を，熱方程式の解の**平滑化性**という． □

## 6.6 波動方程式の差分解法

波動方程式に対する初期値境界値問題

$$\frac{\partial^2 u}{\partial t^2} = c^2 \frac{\partial^2 u}{\partial x^2} \qquad (0 < x < \pi,\ t > 0), \quad (6.57)$$

$$u(0, t) = u(\pi, t) = 0 \qquad (t > 0), \quad (6.58)$$

$$u(x, 0) = f(x),\quad \frac{\partial u}{\partial t}(x, 0) = g(x) \qquad (0 \leqq x \leqq \pi) \quad (6.59)$$

の差分解法を述べる．

引き続き，格子点の集合 (6.47) を考え，$u(x_i, t_n)$ の近似値 $U_{i,n}$ を求めることを考える．まず，(6.57) の差分近似は，

$$\frac{U_{i,n-1} - 2U_{i,n} + U_{i,n+1}}{\Delta t^2} = c^2 \frac{U_{i-1,n} - 2U_{i,n} + U_{i+1,n}}{\Delta x^2} \quad (1 \leqq i \leqq N, \ n \geqq 1)$$

$$(6.60)$$

とすればよい. 境界条件と一つ目の初期条件は,

$$U_{0,n} = U_{N+1,n} = 0 \qquad (n \geqq 1), \tag{6.61}$$

$$U_{i,0} = f(x_i) \qquad (0 \leqq i \leqq N+1) \tag{6.62}$$

とする. 二つ目の初期条件は(6.42)を応用して,

$$\frac{U_{i,1} - U_{i,0}}{\Delta t} = g(x_i) \qquad (0 \leqq i \leqq N+1)$$

とするのが簡単であるが, 次のように考えてもよい. すなわち, 中心差分商 (6.45)を $a=0$, $h=2\Delta t$ として適用して,

$$\frac{U_{i,1} - U_{i,-1}}{2\Delta t} = g(x_i) \tag{6.63}$$

が得られる. ここに現れる $U_{i,-1}$ を消去するために, $n=0$ において差分方程式(6.60)を要請すると,

$$\frac{U_{i,-1} - 2U_{i,0} + U_{i,1}}{\Delta t^2} = c^2 \frac{U_{i-1,0} - 2U_{i,0} + U_{i+1,0}}{\Delta x^2} \tag{6.64}$$

となる. ここで,

$$\lambda = c\frac{\Delta t}{\Delta x} \tag{6.65}$$

と定義する. そして, (6.64)から, (6.63)を用いて $U_{i,-1}$ を消去し, さらに, (6.62)を使うと,

$$\begin{aligned}
U_{i,1} &= 2U_{i,0} - U_{i,-1} + \lambda^2(U_{i-1,0} - 2U_{i,0} + U_{i+1,0}) \\
&= 2U_{i,0} - U_{i,1} + 2g(x_i)\Delta t + \lambda^2(U_{i-1,0} - 2U_{i,0} + U_{i+1,0}) \\
&= 2(1-\lambda^2)f(x_i) - U_{i,1} + 2g(x_i)\Delta t + \lambda^2(f(x_{i-1}) + f(x_{i+1})),
\end{aligned}$$

すなわち, 二つ目の初期条件の近似として,

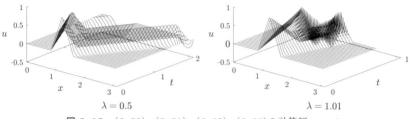

**図 6.10** (6.60), (6.61), (6.62), (6.66)の計算例. $c=1$, $N=125$としている.

$$U_{i,1} = g(x_i)\Delta t + (1-\lambda^2)f(x_i) + \frac{\lambda^2}{2}(f(x_{i-1})+f(x_{i+1})) \quad (0 \leqq i \leqq N+1) \tag{6.66}$$

が得られる.

まとめると,波動方程式に対する初期値境界値問題(6.57)-(6.59)に対する差分解法は,次のようになる.まず,(6.62)と(6.66)で,$\{U_{i,0}\}_{1\leqq i\leqq N}$ と $\{U_{i,1}\}_{1\leqq i\leqq N}$ を計算し,次に,$n \geqq 1$ に対して,

$$U_{i,n+1} = 2U_{i,n} - U_{i,n-1} + \lambda^2(U_{i-1,n} - 2U_{i,n} + U_{i+1,n}) \quad (1 \leqq i \leqq N)$$

で $\{U_{i,n+1}\}_{1\leqq i\leqq N}$ を計算するわけである.

**例 6.5** 1つの計算例を図6.10に示す.ただし,$g(x)=0$とする.全く同じ初期値を用いているが,左側($\lambda=0.5$)は正しく近似解が求まっているにもかかわらず,右側($\lambda=1.01$)では解に不自然な振動が生じている. □

この例が示すように,熱方程式の場合と同様に,(6.65)で定義した $\lambda$ には制限が必要である.実は,

$$\lambda \leqq 1 \tag{6.67}$$

となるように選んでおけばよいことが知られている.この条件は,クーラント・フリードリクス・レヴィ(CFL)条件[*4]とよばれる.

---

[*4] Richard Courant 1888-1972, Kurt Otto Friedrichs 1901-1982, Hans Lewy 1904-1988.

## 問 題

**問 6.1** 周期 $2\pi$ の周期関数 $f(x)$ について，そのフーリエ級数を

$$f(x) = \frac{a_0}{2} + \sum_{n=1}^{\infty} (a_n \cos nx + b_n \sin nx)$$

とするとき，次の問いに答えよ．

(1)  $f(x) = \pi |\sin 2x|$ のとき，$a_0$ と $a_1$ を求めよ．

(2)  $f(x) = \begin{cases} 0 & (-\pi \leqq x \leqq 0), \\ \sin x & (0 \leqq x \leqq \pi) \end{cases}$ のとき，$a_1$ と $b_1$ を求めよ．

(3)  $f(x) = \begin{cases} 0 & (-\pi \leqq x < 0), \\ \pi & (0 \leqq x < \pi) \end{cases}$ のとき，$a_1$ と $b_1$ を求めよ．

(4)  $f(x) = \pi^2 - x^2 \ (-\pi \leqq x \leqq \pi)$ のとき，$a_1$ と $b_1$ を求めよ．

**問 6.2** 周期 $2\pi$ の周期関数 $f(x)$ のフーリエ級数を

$$f(x) = \frac{a_0}{2} + \sum_{n=1}^{\infty} (a_n \cos nx + b_n \sin nx)$$

とするとき，次の関数 $g(x)$ のフーリエ級数を求めよ．

(1)  $g(x) = f(\pi + x)$.

(2)  $g(x) = \dfrac{1}{2} \{ f(\pi + x) + f(\pi - x) \}$.

**問 6.3** 初期関数を

$$f(x) = \sin x + \sin 2x$$

としたときの，熱方程式の初期値境界値問題(6.1), (6.15), (6.17)の解 $u(x,t)$ を求めよ．また，

$$\lim_{t \to \infty} \max_{0 \leqq x \leqq 1} |u(x,t)|$$

の値を計算せよ．

**問 6.4** 初期関数を

$$f(x) = \begin{cases} 3 & (0 \leqq x < \dfrac{\pi}{2}), \\ 1 & (\dfrac{\pi}{2} \leqq x \leqq \pi) \end{cases}$$

としたときの，ノイマン境界条件 (6.16) のもとでの，熱方程式 (6.1) の解 $u(x,t)$ を求めよ．

**問 6.5** $N=5$ として，$\Delta x = \dfrac{\pi}{N+1}$ とおき，$2\Delta t < (\Delta x)^2$ を満たす $\Delta t$ を固定する．$\kappa=1$ に対して，差分方程式 (6.52) を考える．初期条件を $U_{3,0}=1$，$U_{i,0}=0$ ($i=0,1,2,4,5,6$) と選ぶとき，解が正値 $U_{i,n}>0$ ($i=1,\dots,5$) となる最初の時刻 $t_n$ を求めよ．

# ノ ー ト

## 6.A 熱方程式の導出

長さ $l$ の針金が，$x$ 軸の区間 $[0,l]$ におかれている．針金は一様な材質でできているものとし，その場所 $0 \leqq x \leqq l$，時刻 $t \geqq 0$ における温度を $u = u(x,t)$ と表す．

任意の点 $0 < \alpha < l$ を固定し，$\alpha$ を含む微小区間 $V = [\alpha-h, \alpha+h]$ を考える．$c$ を針金の単位長さあたりの熱容量とする．これは針金の比熱や密度から定まる正定数である．このとき，

$$J(t) = \int_{\alpha-h}^{\alpha+h} c u(x,t) \, dx$$

で定められる量を，$V$ に貯えられた熱量という．時刻 $t$ から時刻 $t+\Delta t$ までの微小時間 $\Delta t$ における熱量の変化は，

$$\Delta J = J(t+\Delta t) - J(t)$$

で与えられる．一方，熱の移動は，場所・時刻による温度の違いによって引き起こされると考えられる．すなわち，$|u_x| = \left| \dfrac{\partial u}{\partial x} \right|$ が大きいところでは，熱が流れやすく，小さいところでは，熱が流れにくいわけである．したがって，時間 $\Delta t$ の間に，$x = \alpha - h$ を通じて $V$ に流入する熱量は，適当な正定

数 $k$ を用いて，

$$-ku_x(\alpha-h,t)\Delta t$$

と表現できると考えられる．これが，**フーリエの熱伝導の法則**である．符号が負になっているのは，熱は温度の高いところから低いところに流れるという事実に基づいている．同様に，$x=\alpha+h$ を通じて $V$ に流入する熱量は，

$$ku_x(\alpha+h,t)\Delta t$$

で与えられるので，時間 $\Delta t$ の間に，$V$ に流入する熱量の和は，

$$-k[u_x(\alpha-h,t)-u_x(\alpha+h,t)]\Delta t$$

と表される．微分積分学の基本定理により，これは，

$$-k[u_x(\alpha-h,t)-u_x(\alpha+h,t)]\Delta t = \Delta t\int_{\alpha-h}^{\alpha+h}ku_{xx}(x,t)\,dx$$

と表される．

$V$ における熱量の保存により，

$$\Delta J = \Delta t\int_{\alpha-h}^{\alpha+h}ku_{xx}(x,t)\,dx,$$

すなわち，

$$\int_{\alpha-h}^{\alpha+h}c\frac{u(x,t+\Delta t)-u(x,t)}{\Delta t}\,dx = \int_{\alpha-h}^{\alpha+h}ku_{xx}(x,t)\,dx$$

が成り立つ．この式で，$\Delta t\to0$ とすれば，

$$\int_{\alpha-h}^{\alpha+h}cu_t(x,t)\,dx = \int_{\alpha-h}^{\alpha+h}ku_{xx}(x,t)\,dx$$

となる．さらに，この両辺を $2h$ で割って，$h\to0$ とすれば，

$$cu_t(\alpha,t) = ku_{xx}(\alpha,t)$$

を得る．$\alpha$ は任意であったので，結局，$0<x<l$ 内の任意の点と，任意の $t>0$ に対して，

$$u_t(x,t) = \kappa u_{xx}(x,t) \qquad \left( \kappa = \frac{k}{c} \right)$$

が成立することになる．このようにして，熱方程式が導出されるのである．

## 6.B 関数列の収束

次項で，フーリエ級数の展開可能性に関する数学的な定理を紹介するために，ここでは，関数列の収束についての概念と結果をまとめておく．

関数列 $\{u_n\}_{n \geq 1}$ に対して，その極限関数 $u(x)$，すなわち，

$$u_n(x) \to u(x) \qquad (n \to \infty)$$

を満たす関数 $u(x)$ を考えたい．

**定義 6.6**(各点収束)　関数列 $\{u_n\}_{n \geq 1}$ と関数 $u$ について，$x$ を任意に固定し $u_n(x)$ を $n$ についての数列と考えた際に，$\displaystyle \lim_{n \to \infty} u_n(x) = u(x)$ となるとき，$u_n(x)$ は $u(x)$ に**各点収束**するという．

例6.7 　関数列

$$u_n(x) = \frac{e^{nx} - e^{-nx}}{e^{nx} + e^{-nx}}$$

を考える(図 6.11 を見よ)．$x > 0$ を固定すると，$u_n(x) = \dfrac{1 - e^{-2nx}}{1 + e^{-2nx}} \to 1$ $(n \to \infty)$．同様に，$x < 0$ を固定すると，$u_n(x) \to -1$ $(n \to \infty)$．一方で，$u_n(0) = 0$ なので，$u_n(x)$ の各点収束についての極限関数は，

$$u(x) = \begin{cases} x/|x| & (x \neq 0) \\ 0 & (x = 0) \end{cases}$$

である．各 $u_n(x)$ は連続関数(特に，十分滑らかな関数)だが，極限関数 $u(x)$ は不連続となる． 　　　　　　　　　　　　　　　　　　　　　　□

この例が示すように，各点収束は関数の連続性を保存しない．しかしながら，次に述べる一様収束という概念のもとでの極限関数は，連続性を保存する．まずは次の定義を述べる．

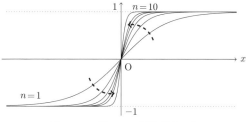

図 6.11 例 6.7 の関数列 $\{u_n\}$

**定義 6.8**(一様収束)　有界な閉区間 $[a,b]$ で定義された関数列 $\{u_n\}_{n\geq 1}$ が，関数 $u(x)$ に**一様収束**するとは，

$$\lim_{n\to\infty} \max_{a\leq x\leq b} |u_n(x) - u(x)| = 0$$

が成り立つことをいう．これは，5.4 節で述べた最大値ノルム $\|\cdot\|$ を用いれば，

$$\lim_{n\to\infty} \|u_n - u\| = 0$$

と書ける．ただし，関数の最大値をとる区間は $a\leq x\leq b$ としている．

一様収束する関数列は，以下の命題で述べるように良い性質をもつ．これらの命題の証明は，微分積分学の成書を参照してほしい．

**命題 6.9**　区間 $[a,b]$ で連続な関数からなる関数列 $\{u_n\}_{n\geq 1}$ が関数 $u$ に一様収束するならば，$u$ は $[a,b]$ 上の連続関数である．

**命題 6.10**　区間 $[a,b]$ で定義された連続な関数の列 $\{u_n\}_{n\geq 1}$ が一様収束するならば，$\int$ と $\lim$ の交換が可能である．すなわち，

$$\lim_{n\to\infty} \int_a^b u_n(x)\,dx = \int_a^b \lim_{n\to\infty} u_n(x)\,dx \tag{6.68}$$

が成り立つ．

次に，関数列 $\{u_n\}_{n\geq 1}$ のつくる無限和

$$\sum_{k=1}^{\infty} u_k(x) = u_1(x) + u_2(x) + \cdots + u_n(x) + \cdots \tag{6.69}$$

について考える. そのために, 関数列の部分和のつくる新たな関数列

$$v_n(x) = \sum_{k=1}^{n} u_k(x) \tag{6.70}$$

を考えることにしよう. $\{v_n\}_{n\geqq1}$ が一様収束するとき, 無限和(6.69)は一様収束するという. 命題 6.10 より直ちに, 次を得る.

---

**命題 6.11**(項別積分)  区間 $[a,b]$ で定義された連続な関数の列 $\{u_n\}_{n\geqq1}$ について, その無限和(6.69)が一様収束するならば, 項別積分の公式

$$\int_a^b \left( \sum_{n=1}^{\infty} u_n(x) \right) dx = \sum_{n=1}^{\infty} \int_a^b u_n(x)\, dx \tag{6.71}$$

が成り立つ.

---

関数列の和の収束判定には, ワイエルシュトラスの優級数定理[*5]とよばれる次の命題が役に立つ.

---

**命題 6.12**  区間 $[a,b]$ で定義された連続関数の関数列 $\{u_n\}_{n\geqq1}$ について,

$$|u_n(x)| \leqq M_n \quad (n \geqq 1), \qquad \sum_{n=1}^{\infty} M_n < \infty$$

を満たす正の数からなる数列 $\{M_n\}_{n\geqq1}$ が存在するならば, 無限和 (6.69)は一様収束する. この数列 $\{M_n\}_{n\geqq1}$ を関数列 $\{u_n\}_{n\geqq1}$ の**優級数**という.

---

**例 6.13**  例 6.1 で計算したように,

$$f(x) = \pi - |x| \qquad (-\pi \leqq x \leqq \pi) \tag{6.12}$$

で定義される折れ線関数 $f(x)$ のフーリエ級数は

---

[*5]  Karl Theodor Wilhelm Weierstrass 1815-1897.

$$f(x) = \frac{\pi}{2} + \frac{4}{\pi}\left(\frac{\cos x}{1^2} + \frac{\cos 3x}{3^2} + \frac{\cos 5x}{5^2} + \cdots\right) \tag{6.13}$$

のようになるのであった. ここで, $|\cos nx| \leqq 1$ であるから, (6.13)の右辺の級数の優級数として,

$$\frac{\pi}{2} + \frac{4}{\pi}\left(\frac{1}{1^2} + \frac{1}{3^2} + \frac{1}{5^2} + \cdots\right) \tag{6.72}$$

を採用することができる. この優級数は確かに収束する. よって, 命題 6.12 により, (6.13)の右辺は一様収束し, さらに命題 6.11 により, フーリエ係数の導出の際に行った項別積分が正当化されるのである.　　　　□

## 6.C　フーリエ展開可能性の問題

　本章ではフーリエ級数が収束してその和が $f(x)$ となること, すなわち, $f(x)$ のフーリエ展開が可能であることを仮定したうえで, フーリエ係数を計算する公式(6.10)を導き, 熱方程式や波動方程式に応用した. それでは, 逆に(6.10)でフーリエ係数を定めたとき, (6.11)のフーリエ級数は本当に $f(x)$ に収束するのだろうか. これは数学的に大きな問題である. 大ざっぱにいえば, 応用に登場するような関数について結果は肯定的である. 前項での言葉の準備を経て, ここでは, 改めて関数 $f(x)$ のフーリエ展開

$$f(x) = \frac{a_0}{2} + \sum_{n=1}^{\infty}(a_n \cos nx + b_n \sin nx) \tag{6.73}$$

の可能性に関する数学的な定理を紹介しよう. ここで, フーリエ係数 $\{a_n\}$ と $\{b_n\}$ は,

$$\begin{cases} a_n = \dfrac{1}{\pi}\displaystyle\int_{-\pi}^{\pi} f(x)\cos nx \; dx & (n = 0, 1, 2, \ldots), \\[2mm] b_n = \dfrac{1}{\pi}\displaystyle\int_{-\pi}^{\pi} f(x)\sin nx \; dx & (n = 1, 2, 3, \ldots) \end{cases} \tag{6.74}$$

で定義されるのであった.

　$f$ のフーリエ級数の第 $n$ 項までの部分和

$$S_n(x) = \frac{a_0}{2} + \sum_{k=1}^{n}(a_k \cos kx + b_k \sin kx) \tag{6.75}$$

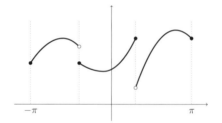

**図 6.12** 区分的に連続かつ滑らかな関数の例

を考える.

**定理 6.14** $f$ を周期 $2\pi$ をもつ連続関数とする.このとき,フーリエ級数が一様収束すれば,そのフーリエ級数の和は $f$ である.言い換えると,部分和からなる関数列 $\{S_n\}_{n\geqq 1}$ が一様収束すれば,$S_n$ の極限関数は $f$ である.

**定理 6.15** $f$ が周期 $2\pi$ をもち,$f$ および $f'$ がともに連続ならば,フーリエ級数が一様収束し,フーリエ級数の和は $f$ となる.

**定理 6.16** $f$ が周期 $2\pi$ をもち,区分的に連続かつ滑らかならば,$f$ のフーリエ級数は,$f$ の連続点 $x_0$ では $f(x_0)$ に,$f$ の不連続点 $x_0$ では左右の極限値の平均,すなわち,

$$\frac{f(x_0-0)+f(x_0+0)}{2} \tag{6.76}$$

に収束する.

定理 6.16 における,"区分的に連続かつ滑らか"とは,考えている区間を有限個の分点で小区間に適当に分割すれば,小区間においては $f(x)$ も $f'(x)$ も連続であり,かつ,$f(x)$ および $f'(x)$ の分点の左右からの極限値が存在することを意味する(図 6.12).

さらに,数学的には,次の定理が最も明快であろう.

ノート 135

**定理 6.17** $f$ が区間 $(-\pi, \pi)$ において 2 乗可積分であるとき, すなわち,

$$\int_{-\pi}^{\pi} |f(x)|^2 \, dx < +\infty \tag{6.77}$$

ならば, $f$ のフーリエ級数の部分和 $S_n$ は, 2 乗平均収束の意味で $f(x)$ に収束する. すなわち

$$\lim_{n \to \infty} \int_{-\pi}^{\pi} |f(x) - S_n(x)|^2 \, dx = 0 \tag{6.78}$$

が成り立つ.

フーリエ級数の収束について, 数学的にさらに進んだ結果は, 1966 年にカールソン[6]によって得られた.

**定理 6.18** $f$ がルベーグ積分[7]の意味で可測で 2 乗可積分ならば, そのフーリエ級数は "ほとんどいたるところ" $f$ に収束する.

上に記した定理 6.14-6.18 の証明は, 結構手間がかかる. 応用を志向する読者は, とりあえず, 定理の主張を理解されるだけで十分であろう.

以下では理論に興味のある読者の学習の材料として, 定理 6.14 の証明を記しておく.

[定理 6.14 の証明] フーリエ級数の一様収束が仮定されているから, (6.11)右辺の

$$S(x) = \frac{a_0}{2} + \sum_{n=1}^{\infty} (a_n \cos nx + b_n \sin nx) \tag{6.79}$$

は連続関数を表す(命題 6.9 の結果！). 目標は, 任意の $x$ について, $f(x) = S(x)$ を示すことである. そのために,

$$w(x) = f(x) - S(x)$$

---

[6] Lennart Carleson 1928-.

[7] Henri Leon Lebesgue 1875-1941.

とおいて，任意の $x$ について，$w(x) = 0$ を示せばよい．

これから先，周期 $2\pi$ の 2 つの関数 $u(x)$ と $v(x)$ に対して，

$$(u, v) = \int_{-\pi}^{\pi} u(x)v(x) \, dx \tag{6.80}$$

と定義して，これを**内積**とよぶ．さらに，$u(x)$ と $v(x)$ が，

$$(u, v) = 0, \quad u \not\equiv 0, \quad v \not\equiv 0$$

の関係を満たしているとき，$u(x)$ と $v(x)$ は**直交**するという．

定積分の線形性と，正弦・余弦関数の直交性およびフーリエ係数の公式 (6.10) を思い出すと

$$(w, \cos kx) = (f, \cos kx) - (S, \cos kx) = \pi a_k - a_k \pi = 0,$$
$$(w, \sin kx) = (f, \sin kx) - (S, \sin kx) = \pi b_k - b_k \pi = 0$$

が得られる．すなわち，$w$ は正弦関数の列および余弦関数の列の任意の関数と直交している．したがって，次の命題 6.19 を用いれば

$$w \equiv 0$$

が得られて定理 6.14 の証明が完成する. ∎

結局，定理 6.14 の証明の実質的部分は次の命題にある．

---

**命題 6.19** 周期 $2\pi$ の連続関数 $w$ が

$$\begin{cases} (w, \cos kx) = 0 & (k = 0, 1, 2, \ldots), \\ (w, \sin kx) = 0 & (k = 1, 2, 3, \ldots) \end{cases} \tag{6.81}$$

の意味で正弦関数，余弦関数と直交するならば，実は

$$w(x) \equiv 0$$

である．

---

[証明] 第 1 段 $n$ を任意の正の偶数として，補助関数 $\eta_n(x)$ と $\rho_n(x)$

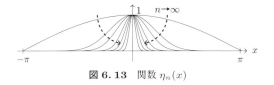

図 6.13 関数 $\eta_n(x)$

を

$$\eta_n(x) = \cos^n \frac{x}{2}, \qquad \rho_n(x) = \frac{\eta_n(x)}{\int_{-\pi}^{\pi} \eta_n(t)\ dt}$$

により導入する．

 しばらく $x$ の範囲を，$-\pi \leqq x \leqq \pi$ に限って考察しよう．この範囲での $\cos \dfrac{x}{2}$ の値域は

$$0 \leqq \cos \frac{x}{2} \leqq 1$$

である．特に，左の等号は区間の両端でのみ成立し，逆に右側の等号は $x=0$ のみで成立する．このことは $\cos \dfrac{x}{2}$ の $n$ 乗である $\eta_n$ についても同様で，

$$0 \leqq \eta_n(x) \leqq 1$$

である．また，$x=0$ 以外の点では，$n$ を増やすにつれて $\eta_n(x)$ の値が $0$ に収束することは明らかである．すなわち，$n$ の増加とともに $\eta_n$ のグラフは両座標軸に近づく形でやせ細っていく（図 6.13 を見よ）．

 このことから

$$\gamma_n = \int_{-\pi}^{\pi} \eta_n(x)\ dx \tag{6.82}$$

とおけば，$n \to \infty$ のとき $\gamma_n \to 0$ となることがわかる．一方，$\gamma_n$ を用いれば $\rho_n(x) = \dfrac{\eta_n(x)}{\gamma_n}$ である．したがって，特に $\eta_n(0)=1$ であるから，$\gamma_n \to 0$ によって $\rho_n(0) \to +\infty$ である．

 さらに，$\gamma_n$ を詳しく調べると（本項の最後の補足を参照せよ），ある正定数 $C$ に対し，

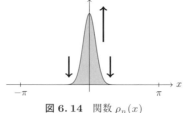

図 6.14　関数 $\rho_n(x)$

$$\gamma_n \geqq Cn^{-1} \tag{6.83}$$

であることがわかる．これより $x \neq 0$ ならば，

$$0 \leqq \rho_n(x) = \frac{\cos^n \frac{x}{2}}{\gamma_n} \leqq C^{-1} n \cos^n \frac{x}{2} \to 0 \quad (n \to \infty)$$

となる．ただし，1 より小さい正数の $n$ 乗は $n$ 倍しても 0 に収束することを用いた．したがって，$\rho_n$ のグラフも $-\pi \leqq x \leqq \pi$ の範囲では，$n \to \infty$ とともに縦軸の上半分と横軸に近づく形でやせ細っていく（図 6.14 を見よ）．

また，任意の $n$ に対して

$$\int_{-\pi}^{\pi} \rho_n(x)\,dx = 1$$

であることは $\rho_n$ の定義から明らかである．

デルタ関数を知っている読者には，次のように述べれば理解しやすいであろう．すなわち，$\rho_n$ は，$n \to +\infty$ につれて原点に特異点のあるデルタ関数に近づく．一方，デルタ関数になじみのない読者も，直感的に次の説明を納得できるであろう．すなわち，積分

$$J_n = \int_{-\pi}^{\pi} w(x) \rho_n(x)\,dx$$

を考えると，これは $\rho_n(x)$ を重みとした $w(x)$ の加重平均であること，そうして，$n \to \infty$ とともに重み $\rho_n$ が原点に集中していくのだから，極限では $J_n$ は $w(0)$ になる．すなわち，

$$\lim_{n \to \infty} J_n = w(0) \tag{6.84}$$

が成り立つ.

第2段 $n = 2m$ ($m$ は自然数) のとき, $\eta_n(x)$ は

$$\cos mx, \ \cos(m-1)x, \ \ldots, \ \cos 2x, \ \cos x, \ 1 \tag{6.85}$$

の線形結合であることを示す.

そのためには, $m = 1$ の場合の

$$\cos^2 \frac{x}{2} = \frac{\cos x + 1}{2}$$

から出発して, $m$ に関する数学的帰納法を用いれば容易である. その際, 簡単な変形

$$\begin{aligned}
\cos^2 \frac{x}{2} \cos kx &= \frac{\cos x \cos kx + \cos kx}{2} \\
&= \frac{\cos(k+1)x + \cos(k-1)x}{4} + \frac{\cos kx}{2}
\end{aligned}$$

が利用できる.

こうして $n$ が偶数ならば, $\eta_n(x)$, したがって $\rho_n(x)$ も (6.85) の余弦関数の線形結合であり, (6.81) の第1式の余弦関数との直交性の仮定により, $w(x)$ は $\rho_n(x)$ に直交する. よって

$$J_n \equiv 0 \qquad (n = 2, 4, 6, \ldots)$$

である. これと (6.84) とから

$$w(0) = 0 \tag{6.86}$$

が得られる.

第3段 いままでのことから, 周期 $2\pi$ の任意の連続関数 $w$ が (6.81) の第1式の余弦関数に関する直交条件を満足するならば (6.86) が成り立つ. ついで, 一般の点における $w$ の値が 0 であることを示したい.

そこで, $\alpha$ を任意の実数として

$$v(x) = w(x+\alpha) \tag{6.87}$$

とおけば，$v$ は周期 $2\pi$ の連続関数である．さらに

$$
\begin{aligned}
(v, \cos kx) &= \int_{-\pi}^{\pi} w(x+\alpha) \cos kx \ dx \\
&= \int_{-\pi}^{\pi} w(t) \cos k(t-\alpha) \ dt \\
&= \cos k\alpha \int_{-\pi}^{\pi} w(t) \cos kt \ dt + \sin k\alpha \int_{-\pi}^{\pi} w(t) \sin kt \ dt
\end{aligned}
$$

が成り立つ．

　ここで，最後の式に $(6.81)$ の直交性を用いると

$$(v, \cos kx) = 0 \qquad (k = 0, 1, 2, \ldots)$$

が得られる．よって，第2段で得られた結論を $v$ に適用することにより

$$v(0) = 0$$

となる．これから $(6.87)$ により $w(\alpha) = v(0) = 0$．結局，任意の $\alpha$ に対して $w(\alpha) \equiv 0$ が得られ，命題の証明が完成した． ∎

　$(6.82)$ で定義される $\gamma_n$ に対して，不等式 $(6.83)$ が成り立つことには証明が必要であろう．

　[$(6.83)$ の証明]　$t = \cos \dfrac{x}{2}$ による変数変換を行えば

$$\frac{dt}{dx} = -\frac{1}{2} \sin \frac{x}{2} = -\frac{1}{2} \sqrt{1-t^2}$$

であるから，

$$\gamma_n = 2 \int_0^{\pi} \cos^n \frac{x}{2} \ dx = 4 \int_0^1 \frac{t^n}{\sqrt{1-t^2}} \ dt$$

と表せる．ところが，積分範囲 $0 \le t < 1$ において $\dfrac{1}{\sqrt{1-t^2}} \ge 1$ であるから，

$$\gamma_n \ge 4 \int_0^1 t^n \ dt = \frac{4}{n+1} \ge \frac{4}{2n} = \frac{2}{n} \qquad (n \ge 1)$$

となる．すなわち $(6.83)$ が，$C = 2$ として成立する．

ノート    141

実は，オイラーのベータ関数

$$B(p,q) = \int_0^1 s^{p-1}(1-s)^{q-1}\, ds = \frac{\Gamma(p)\cdot\Gamma(q)}{\Gamma(p+q)}$$

を用いて計算し，スターリングの公式[*8]も援用すれば，より精密な評価

$$\gamma_n \geqq C_1 \frac{1}{\sqrt{n}} \qquad (C_1 \text{ はある正定数})$$

を示すことができるが，本章の目的には(6.83)で十分なのである. ∎

## 6.D  非線形熱方程式の差分解法

場所 $x$，時刻 $t$ において熱の供給(吸収)が $g(x,t)$ で与えられているとき
の熱伝導現象を記述する偏微分方程式は，非同次な

$$\frac{\partial u}{\partial t} = \kappa \frac{\partial^2 u}{\partial x^2} + \frac{1}{c} g(x,t) \qquad (0 < x < \pi,\ t > 0) \tag{6.88}$$

となる．この方程式にはフーリエの変数分離法は適用できない．しかし，差
分解法の適用は容易である．すなわち，(6.88)に対する差分方程式は，

$$\frac{U_{i,n+1} - U_{i,n}}{\Delta t} = \kappa \frac{U_{i-1,n} - 2U_{i,n} + U_{i+1,n}}{(\Delta x)^2} + \frac{1}{c} g(x_i, t_n)$$

$$(1 \leqq i \leqq N,\ n \geqq 0),$$

すなわち，

$$U_{i,n+1} = (1-2\lambda)U_{i,n} + \lambda(U_{i-1,n} + U_{i+1,n}) + \frac{1}{c} g(x_i, t_n)\Delta t$$

$$(1 \leqq i \leqq N,\ n \geqq 0)$$

となる．ただし，6.5 節で導入した記号を用いている．

このことを踏まえて，非線形の問題の考察に進もう．

1.5 節で考察したロジスティック方程式(1.14)において，バクテリアが $x$
軸の区間 $0 \leqq x \leqq \pi$ に生息し，さらに，ランダムに移動することもできる状
況を考えると，その個体数(密度) $u = u(x,t)$ は偏微分方程式

───────────

[*8]  James Stirling 1692-1770.

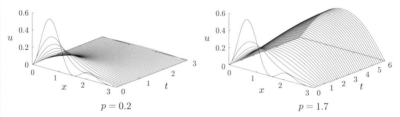

**図 6.15** (6.90), (6.49), (6.50)の計算例. $\kappa=1$, $N=125$, $\lambda=0.4$, $q=p$ としている.

$$\frac{\partial u}{\partial t} = \kappa \frac{\partial^2 u}{\partial x^2} + (p-qu)u \quad (0 < x < \pi, \ t > 0) \quad (6.89)$$

を満たす. $\kappa, p, q$ は正の定数である. 特に, $\kappa$ は, バクテリアのランダムな運動に関連したものであり, **拡散係数**とよばれる. この方程式についても, フーリエの変数分離法は適用できないが, 差分解法の適用は容易である. 実際, (6.89)に対する差分方程式は,

$$\frac{U_{i,n+1} - U_{i,n}}{\Delta t} = \kappa \frac{U_{i-1,n} - 2U_{i,n} + U_{i+1,n}}{(\Delta x)^2} + (p - qU_{i,n})U_{i,n}, \quad (6.90)$$

すなわち,

$$U_{i,n+1} = (1-2\lambda)U_{i,n} + \lambda(U_{i-1,n} + U_{i+1,n}) + (p - qU_{i,n})U_{i,n}\Delta t$$

となる. 図 6.15 に示した通り, $\kappa=1$ で, $q=p=0.2$ の場合には, $t \to \infty$ のときに, 解は 0 に収束する. 一方で, $q=p=1.7$ の場合には, 解はある関数 $w(x)$ に収束していることが観察できる. 実は, 次のことが数学的に証明できる. $q=p$, かつ $p \leqq \kappa$ の際には, 微分方程式の初期値境界値問題(6.89), (6.39), (6.40)の解 $u(x,t)$ は, $t \to \infty$ のとき, 定数関数 0 に一様収束する. 一方で, $p > \kappa$ の際には, $u(x,t)$ は, ある関数 $w(x)$ に一様収束する. なお, この関数 $w(x)$ は, 微分方程式の境界値問題

$$\kappa w'' + (p - qw)w = 0 \quad (0 < x < \pi), \quad w(0) = w(\pi) = 0$$

の $w \not\equiv 0$ でない解である.

以上の例が示すように, 偏微分方程式の形が複雑になっても, 差分法は, ほとんど同様に適用でき, 応用範囲はきわめて広い. 現実現象をより精密に

記述する偏微分方程式は，(6.88)や(6.89)よりもずっと複雑であり，フーリエの変数分離法をはじめとする解析的方法で結論できることは，解の一意存在などの解析的性質に限定されてしまう．偏微分方程式を "現実的な意味で" 解くことのできる方法は，数値解法であり，差分法はその代表である．ただし，もちろん，差分法で得られるものは近似であるから，$\Delta t$ や $\Delta x$ が十分小さいとき，$\{U_{i,n}\}$ が $u(x, t)$ に十分に近いことが担保されている必要がある．これを研究するのが，数値解析学である．ただし，この際にも，理論の基礎となるのは，偏微分方程式の解析的な諸性質であり，解析的方法と数値的方法は，両立されてこそ力が発揮されるのである．

# 7
# フーリエ変換

前章では，周期のある関数のフーリエ級数展開とその応用を考察した．本章では，数直線 $\mathbb{R}=(-\infty,\infty)$ 上で定義された関数に対して，フーリエ級数の考え方を拡張した概念，すなわちフーリエ変換を導入し，その性質を解説する．フーリエ変換は，フーリエ級数とともに，数理物理学のほとんど全ての分野で応用される基本的な方法である．確率現象への活用も著しい．本章では，$\mathbb{R}$ 上で定義された熱方程式のグリーン関数などへの応用例も解説し，フーリエ変換の有用性を実感してもらう．

## 7.1 複素フーリエ級数

6.2-6.4 節では，周期 $2\pi$ の関数 $f(x)$ のフーリエ展開とその応用を考察してきた．また，その結果を用いる熱方程式の初期値境界値問題では，$x$ の区間が $[0,\pi]$ であるとして，その両端 $x=0$, $x=\pi$ で境界条件を課した．本節では，次節以降への準備をする趣旨も込めて，これを任意の大きさの周期 $T$ をもつ関数へ拡張し，さらに，複素フーリエ級数の導入を行いたい．

関数 $f(x)$ は周期 $2$ の周期関数であるとする．一方，周期 $2$ をもつ余弦・正弦関数の列は

$$\{\cos n\pi x\}_{n\geq 0}, \qquad \{\sin n\pi x\}_{n\geq 1}$$

146    7  フーリエ変換

である. このとき,

$$f(x) = \frac{a_0}{2} + \sum_{n=1}^{\infty} (a_n \cos n\pi x + b_n \sin n\pi x) \tag{7.1}$$

の形の展開が成り立つ. これが周期が 2 の場合の, あるいは基本となる区間
が $[-1, 1]$ の場合のフーリエ展開である. ただし, (7.1)の係数 $a_n$, $b_n$ は

$$\begin{cases} a_n = \displaystyle\int_{-1}^{1} f(x) \cos n\pi x \ dx \quad (n = 0, 1, 2, \ldots), \\ b_n = \displaystyle\int_{-1}^{1} f(x) \sin n\pi x \ dx \quad (n = 1, 2, \ldots) \end{cases} \tag{7.2}$$

で与えられる.

(7.1), (7.2)が成り立つことを確かめるには, 6.2 節の議論をたどり直して
もよいが, 変数変換

$$y = \pi x, \quad \text{すなわち,} \quad x = \frac{y}{\pi}$$

を行い, 関数を $y$ に関して周期 $2\pi$ をもつように変換するのが, 一つの便利な
方法である. 実際,

$$g(y) = f(x) = f\left(\frac{y}{\pi}\right)$$

とおけば, $g(y)$ は周期 $2\pi$ をもつ. したがって, 6.2 節での結果から,

$$g(y) = \frac{A_0}{2} + \sum_{n=1}^{\infty} (A_n \cos ny + B_n \sin ny), \tag{7.3}$$

ただし

$$A_n = \frac{1}{\pi} \int_{-\pi}^{\pi} g(y) \cos ny \ dy, \qquad B_n = \frac{1}{\pi} \int_{-\pi}^{\pi} g(y) \sin ny \ dy \tag{7.4}$$

となる. (7.4)の定積分において, 積分変数の変換 $y = \pi x$ を行えば, (7.2)の
$a_n$, $b_n$ と(7.4)の $A_n$, $B_n$ が, それぞれ一致することが容易にわかる. さらに,
(7.3)において $y = \pi x$ と書き直せば, 周期が 2 である関数のフーリエ展開の
公式(7.1), (7.2)が示されたことになる.

(7.1), (7.2)を用いれば, たとえば, 熱方程式の初期値境界値問題(6.1),
(6.15), (6.17)において, $x$ の区間が $[0, 1]$ に変更され, 境界条件(6.15)が

$$u(0,t) = u(1,t) = 0$$

で置き換えられた場合の解は

$$u(x,t) = \sum_{n=1}^{\infty} b_n e^{-\kappa n^2 \pi^2 t} \sin n\pi x,$$

ただし

$$b_n = 2 \int_0^1 f(x) \sin n\pi x \, dx \qquad (n = 1, 2, \ldots)$$

で与えられることが導かれる.

　全く同様の考察により，任意の正数 $l$ に対して，$f(x)$ を周期が $T = 2\pi l$ のときの関数とすると，そのフーリエ級数展開は，

$$f(x) = \frac{1}{2}a_0 + \sum_{n=1}^{\infty} \left[ a_n \cos\left(\frac{nx}{l}\right) + b_n \sin\left(\frac{nx}{l}\right) \right] \tag{7.5}$$

となる．ただし，フーリエ係数は，

$$\begin{cases} a_n = \dfrac{1}{\pi l} \displaystyle\int_{-\pi l}^{\pi l} f(x) \cos\left(\frac{nx}{l}\right) \, dx & (n = 0, 1, 2, \ldots), \\ b_n = \dfrac{1}{\pi l} \displaystyle\int_{-\pi l}^{\pi l} f(x) \sin\left(\frac{nx}{l}\right) \, dx & (n = 1, 2, \ldots) \end{cases} \tag{7.6}$$

で与えられる.

　また，与えられた長さの区間の上の熱伝導や波動の問題には，対応する周期をもった関数のフーリエ展開を利用すべきことも明らかであろう.

**例 7.1** $x$ 軸上の区間 $[0, L]$ で熱方程式

$$\frac{\partial u}{\partial t} = \frac{\partial^2 u}{\partial x^2} \qquad (0 < x < L, \ t > 0)$$

を境界条件 $u(0,t)=0$, $u(L,t)=0$, および初期条件 $u(x,0)=f(x)$ のもとで解く初期値境界値問題では，まず，$f$ を奇関数に拡張してから，さらに，周期 $2L$ で拡張して考える．この場合，上の展開式を $l = \dfrac{L}{\pi}$ として適用することになる．この $f$ の展開を，

$$f(x) = \sum_{n=1}^{\infty} b_n \sin\left(\frac{n\pi x}{L}\right), \quad b_n = \frac{1}{L}\int_{-L}^{L} f(x)\sin\left(\frac{n\pi x}{L}\right) \, dx$$

とすれば，求める $u = u(x, t)$ は，

$$u(x, t) = \sum_{n=1}^{\infty} b_n e^{-c_n^2 t}\sin(c_n x)$$

で与えられる．ただし，$c_n = \dfrac{n\pi}{L}$ とおいている． □

引き続き，正数 $l$ に対して，$f(x)$ を周期が $T = 2\pi l$ の関数とする．このとき，そのフーリエ級数展開は，(7.5) と (7.6) となるのであった．

複素指数関数と正弦，余弦関数についてのオイラーの公式に基づく関係

$$\cos\theta = \frac{e^{i\theta} + e^{-i\theta}}{2}, \qquad \sin\theta = \frac{e^{i\theta} - e^{-i\theta}}{2i}$$

から，

$$\cos\left(\frac{nx}{l}\right) = \frac{e^{i\frac{n}{l}x} + e^{-i\frac{n}{l}x}}{2}, \qquad \sin\left(\frac{nx}{l}\right) = \frac{e^{i\frac{n}{l}x} - e^{-i\frac{n}{l}x}}{2i}$$

となるが，これを (7.5) に代入すると，$f(x)$ は，

$$f(x) = \frac{1}{2}a_0 + \sum_{n=1}^{\infty}\left(\frac{a_n}{2} + \frac{b_n}{2i}\right)e^{i\frac{n}{l}x} + \sum_{n=1}^{\infty}\left(\frac{a_n}{2} - \frac{b_n}{2i}\right)e^{-i\frac{n}{l}x} \tag{7.7}$$

の形になる．すなわち，複素指数関数の列

$$\{e^{i\frac{k}{l}x} \mid k = 0, \pm 1, \pm 2, \ldots\}$$

によって展開される．

ここで，係数 $\{c_k\}$ を

$$c_0 = \frac{1}{2}a_0, \quad c_k = \begin{cases} \dfrac{1}{2}a_k + \dfrac{1}{2i}b_k & (k \geqq 1), \\[2ex] \dfrac{1}{2}a_{-k} - \dfrac{1}{2i}b_{-k} & (k \leqq -1) \end{cases}$$

により定義すれば，(7.7) はより簡潔に

$$f(x) = \sum_{k=-\infty}^{\infty} c_k e^{i\frac{k}{l}x} \tag{7.8}$$

と書き改められる．この展開を $f(x)$ の**複素フーリエ級数**という．

上では $f(x)$ の複素フーリエ級数を，通常のフーリエ級数を通じて導いたが，複素フーリエ係数 $c_k$ を計算するのは，直接に複素指数関数の直交性（下の(7.10)）を用いるほうが明快である．さらに，複素フーリエ級数は $f(x)$ 自身が，複素数値の場合に特に便利である（ただし，$x$ はあくまで実数の変数である）．

複素指数関数の直交性に入る前に，$k$ を整数とするとき $e^{i\frac{k}{l}x} = \cos\frac{k}{l}x + i\sin\frac{k}{l}x$ は周期 $2\pi l$ をもつこと，また，

$$\int_{-l\pi}^{l\pi} e^{i\frac{k}{l}x}\,dx = \begin{cases} 2\pi l & (k=0), \\ 0 & (k\neq 0) \end{cases}$$

の関係が成り立つことに注意しておこう．

そして，周期 $T = 2\pi l$ をもつ複素数値関数 $u(x)$ と $v(x)$ に対して，

$$(u,v) = \int_{-l\pi}^{l\pi} u(x)\overline{v(x)}\,dx \tag{7.9}$$

と内積を定める．ここで，¯ は共役複素数を表す記号である（すなわち，$z = x+iy$ に対して $\bar{z} = x-iy$ である）．

このとき，関数列

$$\varphi_k(x) = e^{i\frac{k}{l}x} \qquad (k = 0, \pm 1, \pm 2, \ldots)$$

について，直交性

$$(\varphi_j, \varphi_k) = \begin{cases} 2\pi l & (j=k), \\ 0 & (j\neq k) \end{cases} \tag{7.10}$$

が成り立つ．

いま，$m$ を任意の整数として固定し，(7.8)の両辺と $e^{i\frac{m}{l}x}$ との内積を，(7.10)の直交性を用いて計算すれば

$$(f, e^{i\frac{m}{l}x}) = \sum_{k=-\infty}^{\infty} c_k(e^{i\frac{k}{l}x}, e^{i\frac{m}{l}x}) = 2\pi l c_m$$

となる．よって，$f(x)$ から複素フーリエ係数を求める公式は

$$c_k = \frac{1}{2\pi l} \int_{-l\pi}^{l\pi} f(x) e^{-i\frac{k}{l}x} \, dx \tag{7.11}$$

で与えられるのである.

言い換えれば, この係数を用いたとき, $f(x)$ の複素フーリエ級数展開(7.8)が, 一般に成り立つのである(ただし, 詳しくいえば, 展開される関数に対して通常のフーリエ級数の場合と同様な条件が付く).

## 7.2 フーリエ変換への移行

この節では, 周期をもたない関数に対して, フーリエ級数の方法を拡張する. すなわち, 数直線

$$\mathbb{R} = (-\infty, \infty)$$

を定義域とする関数 $f(x)$ を複素指数関数 $e^{iyx}$ の重ね合わせによって表す. ここで, $y$ は実数のパラメータであり, 重ね合わせとは, 具体的には, 然るべき $y$ の関数を掛けてから積分することを意味している.

まず, $f(x)$ は $|x|$ が十分大きければ, 恒等的に $0$ となる滑らかな関数であると仮定しよう. すなわち, ある正数 $L$ に対して,

$$f(x) = 0 \qquad (|x| \geqq L)$$

が成り立つとする(図 7.1 を見よ).

いま正数 $l$ を $l\pi > L$ となるようにとる($l$ は後で $l \to \infty$ とする). そして, $f$ を区間 $[-l\pi, l\pi]$ に制限しておいてから, 周期的に拡張したものを $\tilde{f}$ とおく. そうすると, (7.8)と(7.11)によって, $\tilde{f}$ は次のように展開される.

$$\tilde{f}(x) = \sum_{k=-\infty}^{\infty} c_k e^{i\frac{k}{l}x}.$$

ただし,

$$c_k = \frac{1}{2\pi l} \int_{-l\pi}^{l\pi} \tilde{f}(x) e^{-i\frac{k}{l}x} \, dx$$

であるが, この右辺の積分範囲においては, $\tilde{f}$ は $f$ で置き換えてよく, そう

**図 7.1** $f(x) = 0$ ($|x| \geq L$) となる関数 $f(x)$ の例

すると，さらに，積分範囲を $-\infty$ から $\infty$ に広げても積分の値に変わりはない．すなわち，

$$c_k = \frac{1}{2\pi l} \int_{-\infty}^{\infty} f(x) e^{-i\frac{k}{l}x} \, dx$$

と書ける．

さて，関数 $f$ に対して，

$$\hat{f}(y) = \frac{1}{\sqrt{2\pi}} \int_{-\infty}^{\infty} f(x) e^{-ixy} \, dx \tag{7.12}$$

で定義される関数 $\hat{f}$ を導入しよう．すると，上の $c_k$ は，

$$c_k = \frac{1}{(\sqrt{2\pi})l} \hat{f}\left(\frac{k}{l}\right) \tag{7.13}$$

と書け，上の $\tilde{f}$ の展開は，

$$\tilde{f}(x) = \frac{1}{\sqrt{2\pi}} \sum_{k=-\infty}^{\infty} \hat{f}\left(\frac{k}{l}\right) e^{i\frac{k}{l}x} \frac{1}{l} \tag{7.14}$$

と表されるのである．

(7.14)を区間 $[-l\pi, l\pi]$ に属する $x$ に対して眺めてみよう．そうすると，左辺は $f(x)$ にほかならない．右辺については，$y$ 軸上に等間隔 $\frac{1}{l}$ で並ぶ分点 $y_k = \frac{k}{l}$ ($k = 0, \pm 1, \pm 2, \ldots$) を用いて，

$$\frac{1}{\sqrt{2\pi}} \sum_{k=-\infty}^{\infty} \hat{f}(y_k) e^{iy_k x} (y_{k+1} - y_k)$$

とすることができるが，これは $\frac{1}{\sqrt{2\pi}} \int_{-\infty}^{\infty} \hat{f}(y) e^{iyx} \, dy$ の近似和(リーマン和[*1])にほかならない．よって，$\hat{f}(y)$ が滑らかで，かつ，遠方で十分に速く 0

---

[*1] Georg Friedrich Bernhard Riemann 1826-1866.

152    7　フーリエ変換

に近づくならば(実際，そうなる)，$l \to \infty$ の極限では(7.14)の右辺は，

$$\frac{1}{\sqrt{2\pi}} \int_{-\infty}^{\infty} \hat{f}(y)e^{iyx} \, dy$$

に収束する．すなわち，

$$f(x) = \frac{1}{\sqrt{2\pi}} \int_{-\infty}^{\infty} \hat{f}(y)e^{iyx} \, dy \tag{7.15}$$

が成り立つ．(7.14)の $\tilde{f}$ を $f$ で置き換えたときの制限 $|x| \leqq l\pi$ は，$l \to \infty$ として導いた(7.15)では，もはや制限にならない．すなわち，(7.15)は，任意の $x \in \mathbb{R}$ に対して成り立つのである．

　以上は，発見的な考察であり，厳密な数学的証明ではないが，ともかく，次の事実に到達した．

　$\mathbb{R}$ 上で定義された，(素性の良い)任意の関数 $f$ に対して，

$$\hat{f}(y) = \frac{1}{\sqrt{2\pi}} \int_{-\infty}^{\infty} f(x)e^{-ixy} \, dx \tag{7.12}$$

とおき，$f$ の**フーリエ変換**とよぶ．そうすると，$f$ は $\hat{f}$ を用いて，

$$f(x) = \frac{1}{\sqrt{2\pi}} \int_{-\infty}^{\infty} \hat{f}(y)e^{iyx} \, dy \tag{7.15}$$

と表される．

　フーリエ変換は，与えられた関数に，新しい関数を対応させる作用素の一種であり，

$$\hat{f} = \mathcal{F}f$$

のように書かれることも多い．なお，$\hat{f}$ を与えられた関数とするとき(7.15)の右辺によって新しい関数 $f$ を対応させる作用素を共役フーリエ変換といい，$\mathcal{F}^*$ と書く．このとき，(7.15)は，

$$f = \mathcal{F}^*\hat{f}$$

と書けるので，共役フーリエ変換が，フーリエ変換の逆作用素になっている．この意味で，$\mathcal{F}^{-1} = \mathcal{F}^*$ と書き，フーリエ逆変換とよぶ．すなわち，

7.2 フーリエ変換への移行　153

$$(\mathcal{F}f)(y) = \frac{1}{\sqrt{2\pi}} \int_{-\infty}^{\infty} f(x)e^{-ixy}\,dx,$$

$$\left(\mathcal{F}^{-1}\hat{f}\right)(x) = \frac{1}{\sqrt{2\pi}} \int_{-\infty}^{\infty} \hat{f}(y)e^{iyx}\,dy$$

である. この関係をフーリエ変換の**反転公式**という.

　フーリエ変換の一般的な性質を調べる前に, いくつかの具体的な関数 $f$ について, $\hat{f}=\mathcal{F}f$ を計算してみよう.

**例7.2**　関数 $f(x)=e^{-|x|}$ を考える. このとき,

$$\begin{aligned}
\sqrt{2\pi}\hat{f}(y) &= \int_{-\infty}^{\infty} e^{-|x|}e^{-iyx}\,dx \\
&= \int_{-\infty}^{0} e^{x}e^{-iyx}\,dx + \int_{0}^{\infty} e^{-x}e^{-iyx}\,dx \\
&= \frac{1}{1-iy} + \frac{1}{1+iy} \\
&= \frac{2}{1+y^2}
\end{aligned}$$

であるから,

$$\hat{f}(y) = \mathcal{F}\left(e^{-|x|}\right)(y) = \sqrt{\frac{2}{\pi}}\frac{1}{1+y^2} \tag{7.16}$$

が得られた.

　同様に, $\alpha>0$ を定数とすれば,

$$\mathcal{F}\left(e^{-\alpha|x|}\right)(y) = \sqrt{\frac{2}{\pi}}\frac{\alpha}{\alpha^2+y^2} \tag{7.17}$$

である.　　　　　　　　　　　　　　　　　　　　　　　　　　　　　□

**例7.3**　$\alpha>0$ を定数とする. 関数

$$f(x) = \chi_{[-\alpha,\alpha]}(x) = \begin{cases} 1 & (|x| \leqq \alpha), \\ 0 & (|x| > \alpha) \end{cases}$$

に対しては,

154    7　フーリエ変換

$$\sqrt{2\pi}\,\hat{f}(y) = \int_{-\infty}^{\infty} \chi_{[-\alpha,\alpha]}(x)e^{-iyx}\,dx$$

$$= \int_{-\alpha}^{\alpha} e^{-iyx}\,dx = \left[-\frac{e^{-iyx}}{iy}\right]_{x=-\alpha}^{x=\alpha}$$

$$= \frac{e^{i\alpha y} - e^{-i\alpha y}}{iy}$$

$$= \frac{2}{y}\sin \alpha y$$

と計算できるから，

$$\mathcal{F}\left(\chi_{[-\alpha,\alpha]}\right)(y) = \sqrt{\frac{2}{\pi}}\frac{\sin \alpha y}{y} \tag{7.18}$$

である.    □

例7.4　定数 $\alpha > 0$ に対して，$f(x) = e^{-\alpha x^2}$ をガウス関数[*2]とよぶ．複素関数論で学ぶコーシーの積分定理[*3]を使うと

$$\mathcal{F}\left(e^{-\alpha x^2}\right)(y) = \frac{1}{\sqrt{2\alpha}}e^{-\frac{y^2}{4\alpha}} \tag{7.19}$$

と計算ができる．さて，$\alpha = \dfrac{1}{2}$ の場合には，

$$\mathcal{F}\left(e^{-\frac{1}{2}x^2}\right)(y) = e^{-\frac{1}{2}y^2}$$

であるから，$f$ と $\mathcal{F}f$ はたまたま同じ関数である.    □


## 7.3　フーリエ変換の性質

前節の例7.3からわかるように，$f$ がある程度不連続であっても，そのフーリエ変換 $\hat{f}$ は連続な関数となる．実際，$f$ が不連続であっても，

$$\int_{-\infty}^{\infty} |f(x)|\,dx < +\infty \tag{7.20}$$

が成り立つならば(すなわち $f$ が可積分ならば)，$\hat{f}$ は連続な有界関数となり，

---

[*2]　Carolus Fridericus Gauss 1777-1855.

[*3]　Augustin Louis Cauchy 1789-1857.

さらに,

$$\hat{f}(y) \to 0 \qquad (|y| \to \infty)$$

となることが知られている(リーマン・ルベーグの定理). 以下, このような進んだ, あるいは, 厳密な事実の証明は, フーリエ変換の専門書にゆずることとし, ここでは, 応用に役立つ基本的な性質を, 対象を"良い関数"に限って導いてみよう.

## (a) 関数族 $\mathcal{S}(\mathbb{R})$

まず, フーリエ変換およびその逆変換が何の心配もなく行い得るような関数の集合を定め, そこでフーリエ変換の性質を説明することにしよう. この目的のために用いられるのは, いわゆる"急減少関数"である.

**定義 7.5** $\mathbb{R}$ で定義された関数 $f(x)$ が**急減少関数**であるとは, 次の(i)と(ii)が成り立つことである.
(i) $f$ は何回でも微分できる.
(ii) $f$ およびその任意階数の導関数は, 全て遠方で急減少である. すなわち, 任意の非負の整数 $n, k$ に対して,

$$|x|^n f^{(k)}(x) \to 0 \qquad (|x| \to \infty) \qquad (7.21)$$

が成り立つ.
このような急減少関数の全体の集合を, $\mathcal{S}(\mathbb{R})$ で表す.

なお, 何回でも微分できる関数を, $C^\infty$ 級関数といい, $\mathbb{R}$ 上の $C^\infty$ 級関数全体の集合を $C^\infty(\mathbb{R})$ と書く. この記号を用いれば, 条件(i)は, $f \in C^\infty(\mathbb{R})$ と書いても同じである.

**例 7.6** (1) $\alpha$ を正数とするとき, $e^{-\alpha x^2} \in \mathcal{S}(\mathbb{R})$ である.
(2) $f \in \mathcal{S}(\mathbb{R})$ ならば, $p(x)$ を $x$ の任意の多項式とするとき, $pf \in \mathcal{S}(\mathbb{R})$ となる.
(3) 関数 $e^{-|x|}$ は, 遠方での減衰の速さは申し分ないが, 導関数が不連続に

なり条件(i)を満たさない．したがって，$\mathcal{S}(\mathbb{R})$ の関数ではない．

(4) 関数 $\dfrac{1}{1+x^2}$ は $C^\infty$ 級の関数であるが，条件(ii)を満足するほど，遠方での減衰は速くない． □

## (b) $\mathcal{S}(\mathbb{R})$ におけるフーリエ変換

このように，有用な関数で $\mathcal{S}(\mathbb{R})$ に属さないものも少なくないが，$\mathcal{S}(\mathbb{R})$ はフーリエ変換の性質を調べるのに便利な舞台である．また，応用上役立つような関数は $\mathcal{S}(\mathbb{R})$ で近似できるので $\mathcal{S}(\mathbb{R})$ を理論的な考察の出発点とするのである．

$\varphi \in \mathcal{S}(\mathbb{R})$ ならば，$\mathcal{F}\varphi \in \mathcal{S}(\mathbb{R})$ となり，$\psi \in \mathcal{S}(\mathbb{R})$ ならば，$\mathcal{F}^{-1}\psi \in \mathcal{S}(\mathbb{R})$ となる．すなわち，フーリエ変換もフーリエ逆変換も $\mathcal{S}(\mathbb{R})$ から $\mathcal{S}(\mathbb{R})$ への写像とみなすことができる．そして，反転公式が

$$\begin{cases} \mathcal{F}^{-1}\mathcal{F}\varphi = \varphi & (\varphi \in \mathcal{S}(\mathbb{R})), \\ \mathcal{F}\mathcal{F}^{-1}\psi = \psi & (\psi \in \mathcal{S}(\mathbb{R})) \end{cases} \tag{7.22}$$

の意味で成り立つ．

## (c) 線形演算とフーリエ変換

$\varphi, \psi \in \mathcal{S}(\mathbb{R})$ ならば，$\varphi + \psi \in \mathcal{S}(\mathbb{R})$ であるが，

$$\mathcal{F}(\varphi + \psi) = \mathcal{F}\varphi + \mathcal{F}\psi \tag{7.23}$$

であることは明らかである．また，$\varphi \in \mathcal{S}(\mathbb{R})$，$\alpha \in \mathbb{C}$ (すなわち，$\alpha$ は複素数の定数)ならば，$\alpha\varphi \in \mathcal{S}(\mathbb{R})$ であるが，

$$\mathcal{F}(\alpha\varphi) = \alpha\mathcal{F}\varphi \tag{7.24}$$

も明らかである．

(7.23), (7.24)から $\mathcal{F} \colon \mathcal{S}(\mathbb{R}) \to \mathcal{S}(\mathbb{R})$ は線形写像(線形作用素)である．また，このことは，フーリエ逆変換 $\mathcal{F}^{-1}$ についても同様である．

### （d）微分演算とフーリエ変換

$\varphi \in \mathcal{S}(\mathbb{R})$ ならば，$\varphi' = \dfrac{d\varphi}{dx} \in \mathcal{S}(\mathbb{R})$ である．$\varphi'$ のフーリエ変換を $\varphi$ のそれで表してみよう．部分積分法を用いれば，

$$
\begin{aligned}
\sqrt{2\pi}\widehat{\varphi'} &= \int_{-\infty}^{\infty} \varphi'(x)e^{-iyx}\, dx \\
&= \left[\varphi(x)e^{-iyx}\right]_{x=-\infty}^{x=\infty} - \int_{-\infty}^{\infty} \varphi(x)(-iy)e^{-iyx}\, dx \\
&= iy \int_{-\infty}^{\infty} \varphi(x)e^{-iyx}\, dx = \sqrt{2\pi}\, iy\hat{\varphi}(y)
\end{aligned}
$$

と計算できる．よって，

$$
\widehat{\varphi'} = iy\hat{\varphi} \tag{7.25}
$$

となる．すなわち，

$$
\mathcal{F}\left(\frac{d}{dx}\varphi\right) = iy \cdot \mathcal{F}\varphi \tag{7.26}
$$

である．この関係を繰り返し用いれば，自然数 $n$ に対して，

$$
\mathcal{F}\left(\frac{d^n}{dx^n}\varphi\right) = (iy)^n \cdot \mathcal{F}\varphi \tag{7.27}
$$

である．同様に，

$$
\mathcal{F}^{-1}\left(\frac{d^n}{dy^n}\psi\right) = (-ix)^n \cdot \mathcal{F}^{-1}\psi \tag{7.28}
$$

が成り立つ．

**例 7.7** 関数 $u = u(x)$ が，$f \in \mathcal{S}(\mathbb{R})$ と正数 $k$ に対して，微分方程式

$$
-u'' + k^2 u = f \tag{7.29}
$$

を満たすとする．このとき，方程式の両辺のフーリエ変換をとれば，

$$
-\mathcal{F}(u'') + k^2 \mathcal{F}u = \mathcal{F}f
$$

であるが，(7.27)により，

$$-(iy)^2\hat{u} + k^2\hat{u} = \hat{f}$$

となる．これを変形して，

$$\hat{u} = \frac{1}{y^2 + k^2}\hat{f} \tag{7.30}$$

が得られる．なお，この結果は後の節の例 7.9 で用いられる． □

### （e）座標の掛け算とフーリエ変換

$\varphi \in \mathcal{S}(\mathbb{R})$ ならば，$\varphi$ に $x$ を掛けて得られる $x\varphi$ も $\mathcal{S}(\mathbb{R})$ の関数となる．$x\varphi$ のフーリエ変換を計算すると，

$$\begin{aligned}
\sqrt{2\pi}\widehat{x\varphi} &= \int_{-\infty}^{\infty} x\varphi(x)e^{-iyx}\,dx \\
&= \int_{-\infty}^{\infty} \varphi(x)\frac{1}{-i}\frac{\partial}{\partial y}e^{-iyx}\,dx \\
&= i\frac{d}{dy}\int_{-\infty}^{\infty} \varphi(x)e^{-iyx}\,dx \\
&= \sqrt{2\pi}i\frac{d}{dy}\hat{\varphi}(y)
\end{aligned}$$

となる．

これより，

$$\widehat{x\varphi} = \left(i\frac{d}{dy}\right)\hat{\varphi}, \tag{7.31}$$

すなわち，

$$\mathcal{F}(x\varphi) = \left(i\frac{d}{dy}\right)\mathcal{F}\varphi \tag{7.32}$$

である．この関係を繰り返し用いれば，自然数 $n$ に対して，次式が成り立つ．

$$\mathcal{F}(x^n\varphi) = \left(i\frac{d}{dy}\right)^n\mathcal{F}\varphi. \tag{7.33}$$

上の (7.27) と (7.33) から，因子 $i$ を別として，微分演算と座標の掛け算とがフーリエ変換を通じて入れ替わることがわかる．微分方程式の扱いでフーリエ変換が便利に使われる根拠がここにある．

## （f）たたみこみとフーリエ変換

**定義 7.8** $\varphi, \psi \in \mathcal{S}(\mathbb{R})$ に対して，

$$(\varphi * \psi)(x) = \int_{-\infty}^{\infty} \varphi(x-t)\psi(t)\ dt \tag{7.34}$$

で定義される関数 $\varphi * \psi$ を $\varphi$ と $\psi$ の**たたみこみ**，あるいは，**合成積**(convolution)という.

上の右辺で，$x-t=s$ と変数変換すればすぐにわかるように，

$$\varphi * \psi = \psi * \varphi \tag{7.35}$$

が成り立つ.

さて，$\varphi, \psi \in \mathcal{S}(\mathbb{R})$ に対して，$\varphi * \psi \in \mathcal{S}(\mathbb{R})$ であるが，このフーリエ変換を計算すると，

$$
\begin{aligned}
\sqrt{2\pi}\widehat{\varphi * \psi} &= \int_{-\infty}^{\infty} \left[ \int_{-\infty}^{\infty} \varphi(x-t)\psi(t)\ dt \right] e^{-iyx}\ dx \\
&= \int_{-\infty}^{\infty} \int_{-\infty}^{\infty} \varphi(x-t)e^{-iyx}\psi(t)\ dtdx \\
&= \int_{-\infty}^{\infty} \left[ \int_{-\infty}^{\infty} \varphi(x-t)e^{-iyx}\ dx \right] \psi(t)\ dt \\
&= \sqrt{2\pi}\hat{\varphi}(y) \int_{-\infty}^{\infty} \psi(t)e^{-iyt}\ dt \\
&= \sqrt{2\pi}\hat{\varphi}(y) \cdot \sqrt{2\pi}\hat{\psi}(y)
\end{aligned}
$$

となる. これより，

$$\widehat{\varphi * \psi} = \sqrt{2\pi}\hat{\varphi} \cdot \hat{\psi} \tag{7.36}$$

が成り立つ. すなわち，

$$\mathcal{F}(\varphi * \psi) = \sqrt{2\pi}\mathcal{F}\varphi \cdot \mathcal{F}\psi \tag{7.37}$$

である.

以上に述べた $\mathcal{F}$ と $\mathcal{F}^{-1}$ の性質は，関数が $\mathcal{S}(\mathbb{R})$ に属していなくても，各辺が意味をもつ限り成立するのがふつうである.

160    7 フーリエ変換

## 7.4 フーリエ変換の微分方程式への応用

フーリエ変換を微分方程式の問題に応用してみよう.

**例 7.9** （常微分方程式） 与えられた関数 $f(x)$ と正数 $k$ に対して，微分方程式

$$-u'' + k^2 u = f \qquad (-\infty < x < \infty) \tag{7.38}$$

および，無限遠での境界条件

$$u(x) \to 0 \qquad (|x| \to \infty) \tag{7.39}$$

を満たす解を求めてみよう.

(7.38)の両辺のフーリエ変換をとり，$\hat{u}$ を求める計算は，例 7.7 で行った.
それによると，

$$\hat{u} = \frac{1}{y^2 + k^2} \hat{f} \tag{7.40}$$

である. ところが，(7.17)によれば，

$$\frac{1}{y^2 + k^2} = \mathcal{F}\left(\sqrt{\frac{\pi}{2}} \frac{1}{k} e^{-k|x|}\right)$$

であった. よって，

$$g(x) = \sqrt{\frac{\pi}{2}} \frac{1}{k} e^{-k|x|}$$

とおけば，(7.40)より，

$$\hat{u}(y) = \hat{g}(y)\hat{f}(y)$$

である. これと(7.37)を比較すると，

$$\mathcal{F}(u) = \mathcal{F}\left(\frac{1}{\sqrt{2\pi}} g * f\right)$$

が成り立つ. したがって，

$$u = \frac{1}{\sqrt{2\pi}}\, g * f = \frac{1}{2k}\,(e^{-k|x|}) * f,$$

すなわち，解として，

$$u(x) = \frac{1}{2k} \int_{-\infty}^{\infty} e^{-k|x-t|} f(t)\, dt \tag{7.41}$$

が得られた. □

**例 7.10**（熱方程式の初期値問題） 与えられた $f \in \mathcal{S}(\mathbb{R})$ に対して，熱方程式

$$\frac{\partial u}{\partial t} = \frac{\partial^2 u}{\partial x^2} \qquad (-\infty < x < \infty,\ t > 0) \tag{7.42}$$

と無限遠での境界条件

$$u(x, t) \to 0 \qquad (|x| \to \infty), \tag{7.43}$$

および初期条件

$$u(x, 0) = f(x) \tag{7.44}$$

を満足する解 $u(x, t)$ を求めてみよう.

$u = u(x, t)$ の2つの変数のうち $t$ を任意に固定して，$u$ を $x$ のみの関数とみなして，$u$ を $x$ についてフーリエ変換したものを $\hat{u} = \hat{u}(y, t)$ で表す.

$(7.42)$ の両辺に，$x$ に関するフーリエ変換をとると，右辺は $(7.27)$ により，

$$\mathcal{F}\left(\frac{\partial^2 u}{\partial x^2}\right) = (iy)^2 \hat{u}(y, t)$$

となる. 一方，左辺は，フーリエ変換が変数 $t$ とは無関係であることに注意すると，フーリエ変換の線形性により，

$$\mathcal{F}\left(\frac{\partial u}{\partial t}\right) = \frac{\partial \hat{u}(y, t)}{\partial t}$$

と計算できるので，よって，$\hat{u} = \hat{u}(y, t)$ は，

$$\frac{\partial \hat{u}(y, t)}{\partial t} = -y^2 \hat{u}(y, t) \tag{7.45}$$

を満たす. したがって，今度は，$\hat{u}(y, t)$ の2つの変数のうち $y$ を固定して，$t$

162    7 フーリエ変換

のみの関数と考えると，これは $\hat{u}(y,t) = Ce^{-y^2t}$ の形をしていることがわか
る．ただし，$C$ は $t$ によらない任意の定数である（$y$ には依存していてもよ
い）．そして，(7.44)の両辺をフーリエ変換して得られる

$$\hat{u}(y,0) = \hat{f}(y) \tag{7.46}$$

から，$C = \hat{f}(y)$，すなわち，

$$\hat{u}(y,t) = e^{-y^2t}\hat{f}(y) \tag{7.47}$$

が得られる．

ところが，(7.19)によれば，

$$\mathcal{F}\left(e^{-\frac{1}{4t}x^2}\right) = \sqrt{2t}\,e^{-y^2t}$$

である．そこで，

$$H(x,t) = \frac{1}{2\sqrt{\pi t}}e^{-\frac{1}{4t}x^2} \tag{7.48}$$

とおくと（係数は後で便利なように選んである）

$$e^{-y^2t} = \mathcal{F}\left(\sqrt{2\pi}H(x,t)\right)$$

となる．したがって，(7.47)は

$$\hat{u}(y,t) = \sqrt{2\pi}\hat{H}(y,t)\hat{f}(y) \tag{7.49}$$

と書ける．これと(7.36)を比較すると，

$$u(x,t) = H(x,t) * f(x)$$

であることがわかる．

結局，求める解は

$$u(x,t) = \int_{-\infty}^{\infty} H(x-y,t)f(y)\,dy$$
$$= \frac{1}{2\sqrt{\pi t}}\int_{-\infty}^{\infty} e^{-\frac{(x-y)^2}{4t}}f(y)\,dy \tag{7.50}$$

7.4 フーリエ変換の微分方程式への応用　　163

で与えられる．これは，熱方程式に関する重要な結果である．

　なお，$H(x,t)$ を**熱方程式のグリーン関数**という．　　　　　　　　　　□

**例 7.11** （半平面のディリクレ境界値問題）　いま，$\Omega$ を $xy$ 平面の半平面 $y \geqq 0$ とする．$\Omega$ で偏微分方程式

$$\Delta u = 0,$$

すなわち，

$$\frac{\partial^2 u}{\partial x^2} + \frac{\partial^2 u}{\partial y^2} = 0 \quad (-\infty < x < \infty,\ y \geqq 0) \tag{7.51}$$

を満足し，かつ，与えられた関数 $f \in \mathcal{S}(\mathbb{R})$ に対して，境界条件

$$u(x,0) = f(x) \tag{7.52}$$

を満足する解 $u = u(x,y)$ を求めよう．ただし，$u(x,y)$ は，$|x| \to \infty$，$y \to \infty$ に対して 0 になるものとする．なお，(7.51) を，調和方程式という．

　前の例 7.10 と同様に，今度は $y$ を任意に固定して，$u(x,y)$ を $x$ の関数とみなし，$x$ に関するフーリエ変換を行った結果を

$$\hat{u}(\xi,y) = (\mathcal{F}u(x,y))(\xi)$$

で表す．ただし，$x$ に対応するフーリエ変数を $\xi$ と書くことにした（$y$ が別の意味に用いられているから）．

　(7.51) と (7.52) の両辺に $x$ についてのフーリエ変換をほどこすと，

$$-\xi^2 \hat{u}(\xi,y) + \frac{\partial^2 \hat{u}}{\partial y^2} = 0, \tag{7.53}$$

$$\hat{u}(\xi,0) = \hat{f}(\xi) \tag{7.54}$$

が得られる．

　(7.53) は，$y$ を変数とする 2 階常微分方程式であるから，

$$\hat{u}(\xi,y) = a(\xi)e^{-\xi y} + b(\xi)e^{\xi y}$$

の形となることがわかる．ただし，$a(\xi)$ と $b(\xi)$ は，$y$ とは無関係であるが，$\xi$ には関係して定まる係数を表す．しかし，$y \to \infty$ では，$\hat{u} \to 0$ となる条件から，$\xi \geqq 0$ ならば $b(\xi) = 0$ であり，$\xi \leqq 0$ では $a(\xi) = 0$ である．

結局，

$$\hat{u}(\xi, y) = C(\xi) e^{-|\xi| y}$$

の形でなければならないが，ここで，(7.54)を考慮すると $C(\xi)$ が定まる．すなわち，

$$\hat{u}(\xi, y) = e^{-|\xi| y} \hat{f}(\xi) \tag{7.55}$$

である．

(7.16)と(7.17)を導いた計算により，

$$\mathcal{F}^{-1}\left(e^{-\alpha|\xi|}\right) = \sqrt{\frac{2}{\pi}} \frac{\alpha}{\alpha^2 + x^2}$$

である．すなわち，$y > 0$ ならば，

$$e^{-|\xi| y} = \mathcal{F}\left(\sqrt{\frac{2}{\pi}} \frac{y}{y^2 + x^2}\right)$$

である．よって，

$$g(x, y) = \frac{1}{\pi} \frac{y}{x^2 + y^2}$$

とおけば，(7.55)は，

$$\hat{u}(\xi, y) = \sqrt{2\pi} \hat{g}(\xi, y) \hat{f}(\xi)$$

と書ける．再び，これと(7.36)を比較すると，

$$u(x, y) = g(x, y) * f(x)$$

であること，すなわち，求める解 $u$ が，

$$u(x,y) = \int_{-\infty}^{\infty} g(x-z,y)f(z)\ dz$$
$$= \frac{1}{\pi} \int_{-\infty}^{\infty} \frac{y}{(x-z)^2+y^2} f(z)\ dz$$

で与えられることがわかる．これも上半平面で調和な関数を表す重要な公式である． □

## 問　題

**問 7.1** 次の関数のフーリエ変換を求めよ．

(1) $f(x) = \begin{cases} 1-|x| & (|x| \leqq 1), \\ 0 & (|x| > 1). \end{cases}$

(2) $f(x) = \begin{cases} \cos(ax) & (|x| \leqq 1), \\ 0 & (|x| > 1). \end{cases}$ （$a$ は定数）

**問 7.2** $L > 0$ に対して，関数

$$f_L(x) = \begin{cases} \dfrac{1}{L} & \left(-\dfrac{L}{2} \leqq x \leqq \dfrac{L}{2}\right), \\ 0 & \left(|x| > \dfrac{L}{2}\right) \end{cases}$$

のフーリエ変換 $\hat{f}_L(y)$ を求めよ．さらに，$y$ を固定して $\lim_{L \to 0} \hat{f}_L(y)$ を求めよ．

**問 7.3** 整数 $n \geqq 0$ に対して，$\phi_n(x) = (-1)^n \dfrac{d^n}{dx^n} e^{-\frac{x^2}{2}}$ をエルミート関数[*4]とよぶ．エルミート関数のフーリエ変換を求めよ．

**問 7.4** 関数 $f \in \mathcal{S}(\mathbb{R})$ と $a \in \mathbb{R}$ に対して，関数 $g$ が以下のように与えられているとき，$g$ のフーリエ変換 $\hat{g}(y)$ を，$f$ のフーリエ変換 $\hat{f}(y)$ を用いて表せ．

(1) $g(x) = f(x-a)$.

(2) $g(x) = \dfrac{1}{2}\{f(x+a) + f(x-a)\}$.

---

[*4]　Charles Hermite 1822-1901.

# ノート

## 7.A　$L^2$ におけるフーリエ変換

$\mathbb{R}$ 上で 2 乗可積分な関数，すなわち，

$$\int_{-\infty}^{\infty} |f(x)|^2 \, dx < \infty \tag{7.56}$$

であるような関数全体の集合を $L^2(\mathbb{R})$ で表す．ただし，ここで，関数は一般に複素数値のものを考えている．すなわち，$f(x)$ は実数値関数 $u(x)$，$v(x)$ を用いて $f(x) = u(x) + iv(x)$ と書ける．

$L^2(\mathbb{R})$ に属する 2 つの関数 $f, g$ に対して，両者の**内積**を

$$(f, g) = \int_{-\infty}^{\infty} f(x)\overline{g(x)} \, dx \tag{7.57}$$

により定義する．また，

$$\|f\| = \|f\|_{L^2(\mathbb{R})} = \sqrt{(f, f)} = \sqrt{\int_{-\infty}^{\infty} |f(x)|^2 \, dx} \tag{7.58}$$

を $f$ の **$L^2(\mathbb{R})$ ノルム**という．

さて，次の重要な命題を確かめよう．

**定理 7.12**（フーリエ変換の等長性）　フーリエ変換は $L^2(\mathbb{R})$ の内積を保存する．すなわち，

$$(\hat{f}, \hat{g}) = (f, g) \tag{7.59}$$

が成り立つ．したがって，また，フーリエ変換は $L^2(\mathbb{R})$ のノルムを保存する．すなわち，つねに，

$$\|\hat{f}\| = \|f\| \tag{7.60}$$

が成り立つ．

［証明］$f, g$ を $\mathcal{S}(\mathbb{R})$ の関数として証明しよう．

$g$ に関する反転公式

$$g(x) = \frac{1}{\sqrt{2\pi}} \int_{-\infty}^{\infty} \hat{g}(y) e^{iyx} \, dy$$

を用いて計算すると,

$$\begin{aligned}
(f, g) &= \int_{-\infty}^{\infty} f(x)\overline{g(x)} \, dx \\
&= \frac{1}{\sqrt{2\pi}} \int_{-\infty}^{\infty} f(x) \overline{\left( \int_{-\infty}^{\infty} \hat{g}(y) e^{iyx} \, dy \right)} \, dx \\
&= \frac{1}{\sqrt{2\pi}} \int_{-\infty}^{\infty} f(x) \left( \int_{-\infty}^{\infty} \overline{\hat{g}(y)} e^{-iyx} \, dy \right) \, dx \\
&= \int_{-\infty}^{\infty} \left( \frac{1}{\sqrt{2\pi}} \int_{-\infty}^{\infty} f(x) e^{-iyx} \, dx \right) \overline{\hat{g}(y)} \, dy \\
&= \int_{-\infty}^{\infty} \hat{f}(y) \overline{\hat{g}(y)} \, dy = (\hat{f}, \hat{g}).
\end{aligned}$$

これは,フーリエ変換が $L^2(\mathbb{R})$ の内積を保存することを意味している. ▮

なお,この定理から得られる明らかな結果として,フーリエ逆変換についても等長性

$$\| \mathcal{F}^{-1} f \| = \| f \|$$

が成り立つ.

逆作用素とともに内積を保存する線形写像はユニタリ作用素とよばれ,$L^2(\mathbb{R})$ のヒルベルト空間[*5]としての扱い,および,量子力学等への応用で大切な役割を果たす.

$\mathcal{S}(\mathbb{R})$ は $L^2(\mathbb{R})$ の一部にすぎないが,実は,任意の $f \in L^2(\mathbb{R})$ に対して,$\mathcal{S}(\mathbb{R})$ の関数列 $\{\varphi_n\}$ で $\|\varphi_n - f\| \to 0$ $(n \to \infty)$ を満たすものが存在する. すなわち,$L^2(\mathbb{R})$ の任意の関数は,$\mathcal{S}(\mathbb{R})$ の関数で近似できる. それを用いて,$f \in L^2(\mathbb{R})$ のフーリエ変換 $\mathcal{F}f$ を $\mathcal{F}\varphi_n$ の極限として定義することができる. もう少し具体的に述べよう. $\varphi_n \in \mathcal{S}(\mathbb{R})$ なので,$\psi_n = \mathcal{F}\varphi_n \in \mathcal{S}(\mathbb{R})$ であるが,この関数列の,$n \to \infty$ のときの $L^2(\mathbb{R})$ ノルムによる極限関数を $w$ と書く. すなわち,$w$ は,

---

[*5] David Hilbert 1862-1943.

$$\|\psi_n - w\| \to 0 \qquad (n \to \infty)$$

を満たす $L^2(\mathbb{R})$ の関数である. なお, このことを,

$$w = \lim_{n \to \infty} \mathcal{F}\varphi_n \qquad (L^2(\mathbb{R}) \text{ 収束})$$

と書く. そして, $f$ のフーリエ変換 $\mathcal{F}f$ を $w$ で定義する. すなわち,

$$\mathcal{F}f = \lim_{n \to \infty} \mathcal{F}\varphi_n \qquad (L^2(\mathbb{R}) \text{ 収束}) \tag{7.61}$$

とするのである.

　同様にフーリエ逆変換 $\mathcal{F}^{-1}$ も $\mathcal{S}(\mathbb{R})$ から $L^2(\mathbb{R})$ 全体に拡張され, $\mathcal{F}$ と $\mathcal{F}^{-1}$ は $L^2(\mathbb{R})$ でのユニタリ作用素となるのである.

## 7.B 多変数のフーリエ変換

　$\mathbb{R}^n$ の点を $\boldsymbol{x} = (x_1, x_2, \ldots, x_n)$ で表す. $\mathbb{R}^n$ 上で定義され, しかるべき正則性の条件を満足する関数 $f$ に対しては, そのフーリエ変換 $\mathcal{F}f$ が

$$(\mathcal{F}f)(\boldsymbol{y}) = \frac{1}{(\sqrt{2\pi})^n} \int_{\mathbb{R}^n} f(\boldsymbol{x}) e^{-i\boldsymbol{x} \cdot \boldsymbol{y}} \, d\boldsymbol{x}$$

によって定義される. ただし,

$$\boldsymbol{x} \cdot \boldsymbol{y} = x_1 y_1 + x_2 y_2 + \cdots + x_n y_n,$$

$$\int_{\mathbb{R}^n} g(\boldsymbol{x}) \, d\boldsymbol{x} = \int_{-\infty}^{\infty} \int_{-\infty}^{\infty} \cdots \int_{-\infty}^{\infty} g(x_1, x_2, \ldots, x_n) \, dx_1 dx_2 \cdots dx_n$$

である.

　フーリエ逆変換も, 同様に,

$$(\mathcal{F}^{-1}\hat{f})(\boldsymbol{x}) = \frac{1}{(\sqrt{2\pi})^n} \int_{\mathbb{R}^n} \hat{f}(\boldsymbol{y}) e^{i\boldsymbol{x} \cdot \boldsymbol{y}} \, d\boldsymbol{y}$$

によって定義される.

　これらの多次元のフーリエ変換に対しても, いままでに述べた1次元のフーリエ変換の性質が, (もちろん自然な修正のうえで)そのまま保存される. たとえば,

$$\Delta = \frac{\partial^2}{\partial x_1^2} + \frac{\partial^2}{\partial x_2^2} + \cdots + \frac{\partial^2}{\partial x_n^2}$$

とするとき,

$$\mathcal{F}(\Delta f) = -(y_1^2 + y_2^2 + \cdots + y_n^2)\mathcal{F}f$$
$$= -|\boldsymbol{y}|^2 \mathcal{F}f$$

などが成り立つ.

　そして,多次元のフーリエ変換は,偏微分方程式の扱いに際して,理論的にも応用上も重要な役割を果たしているのである.

# 8
# 変 分 法
## ——出会いから応用へ

微分積分学の主目標の一つは関数の最大最小を求めることにある．変分法はその考えを，関数の関数——それを汎関数とよぶ——に拡張する解析学の分野である．20世紀後半における偏微分方程式の関数解析的扱いの大きな発展は，偏微分方程式の諸課題を変分法的な停留条件として認知することに基づいている．すなわち，現代の応用解析の方法論の多くは，変分法をその源流としている．また，変分法の考えに基づいて導出される数値解法である有限要素法は，現代における最も汎用的な数値解法の一つであり，数値シミュレーションの手法として数理モデルに基づいた様々な現象の解明に大きく貢献している．本章では，変分法の理論への入門を解説する．

## 8.1 微分法から変分法へ

### （a）微分法と最大最小

微分法が最も威力を発揮する応用問題は最大最小問題の解法である．まず，最も簡単な場合から説明しよう．いま，区間 $[a, b]$ で定義された連続関数

$$y = f(x) \qquad (a \leqq x \leqq b)$$

が微分可能であり，$[a, b]$ の内部の点 $x = \alpha$ で最小値をとるとすれば，

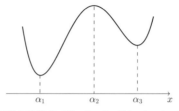

**図 8.1** 関数の停留点 $f'(\alpha_1) = 0$, $f'(\alpha_2) = 0$, $f'(\alpha_3) = 0$

$$f'(\alpha) = 0 \tag{8.1}$$

である.

連続関数の最小は区間の端点で起こることもある. また, 区間の内部の点についても (8.1) は $\alpha$ で最小値に到達するための必要条件にすぎない. 極大, 極小の場合にも同じ条件が満たされる.

しかしながら, 内部での最小点 (最大点) を求めるためには方程式

$$f'(x) = 0 \tag{8.2}$$

の解を吟味すればよいというのは, 最小 (最大) 問題を解くときのきわめて有力な手がかりである.

関数 $f$ が多変数関数

$$w = f(\boldsymbol{x}) = f(x_1, x_2, \ldots, x_n) \tag{8.3}$$

である場合も同様である. すなわち, $f$ が考える定義域の内部の微分可能な点 $\boldsymbol{\alpha}$ で最小 (最大) をとるとすれば,

$$\frac{\partial f}{\partial x_i}(\boldsymbol{\alpha}) = 0 \quad (i = 1, 2, \ldots, n) \tag{8.4}$$

となる. すなわち, 定義域の内部の点 $\boldsymbol{\alpha}$ で最小 (最大) となる必要条件は, ベクトル解析の記号を用いれば,

$$\nabla f(\boldsymbol{\alpha}) = \boldsymbol{0} \tag{8.5}$$

である. なお,

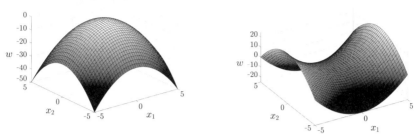

**図 8.2** 多変数関数の停留点．左は $w = f(x_1, x_2)$，右は $w = g(x_1, x_2)$．

$$\nabla f(\boldsymbol{x}) = \operatorname{grad} f(\boldsymbol{x})$$
$$= \left( \frac{\partial f}{\partial x_1}(\boldsymbol{x}),\ \frac{\partial f}{\partial x_2}(\boldsymbol{x}),\ \dots,\ \frac{\partial f}{\partial x_n}(\boldsymbol{x}) \right)$$

は $f$ の**勾配**である．

$\boldsymbol{\alpha}$ で極小(極大)でなくても，(8.5)が成り立つことがある．(8.5)はその点で微分が 0 となる停留条件である．

**例 8.1**（停留点） 関数 $w = f(x_1, x_2) = -x_1^2 - x_2^2$ と $w = g(x_1, x_2) = x_1^2 - x_2^2$ を考える．$\nabla f(0,0) = 0$，$\nabla g(0,0) = 0$ なので，原点 $(0,0)$ は，これら 2 つの関数の停留点である．ところが，図 8.2 に示すように，$f(0,0)$ は $f$ の最大値であるが，一方で，$g(0,0)$ は $g$ の極値ですらない．$g(0,0)$ は，$x_1$ 軸上での値に着目すると最小値であり，$x_2$ 軸上での値に着目すると最大値を与える．このような点を，$g$ の鞍点という． □

### (b) 変分法と汎関数

**変分法**(variational calculus)は，関数の最大最小ではなく，**汎関数**(functional)の最大最小を求めるための計算法である．ここで，汎関数とは，値は実数をとるが "変数" が "関数" であるような "関数の関数" である．すなわち，現代風にいえば，汎関数とは，与えられた関数の集合 $V$ に属する個々の関数に数値を対応させる写像

174 8 変 分 法——出会いから応用へ

$$J: \ V \longrightarrow \mathbb{R}$$

にすぎない．関数の集合 $V$ を $J$ の定義域というのは，ふつうの関数の場合と同じである．汎関数 $J$ の"変数" $u$（それはすなわち関数である）における値を，通常の関数 $f(x)$ と変数 $x$ の表記と区別するために，[ ] を用いて，$J[u]$ などと書くことにする．

**例8.2** 区間 $[a,b]$ で滑らかな関数（それ自体も導関数も連続な関数）$v = v(x)$ で条件

$$v(a) = 1, \quad v(b) = 1 \tag{8.6}$$

および

$$v(x) \geqq 0 \quad (a \leqq x \leqq b) \tag{8.7}$$

を満足するものの全体を $K$ とおく．すなわち，

$$K = \{v \in C^1[a,b] \mid v(a) = v(b) = 1, \ v(x) \geqq 0 \ (a \leqq x \leqq b)\} \tag{8.8}$$

である．この $K$ を定義域として，汎関数

$$J = J[v] = \int_a^b [v'(x)^2 + 4v(x)] \ dx \tag{8.9}$$

を考える．確かに，$v \in K$ に対して，$J[v]$ は実数となるので，$J: K \to \mathbb{R}$ である．たとえば，$u_0 \equiv 1$ に対しては，

$$J[u_0] = 4(b-a)$$

である．

$a = -1,\, b = 1$ の場合を詳しく考えよう．このとき，

$$u_1(x) = x^2 \tag{8.10}$$

は境界条件(8.6)と非負値性の条件(8.7)を満たしているので $u_1 \in K$ である．そうして，

$$J[u_1] = \int_{-1}^{1} [(2x)^2 + 4x^2] \, dx = 16 \int_{0}^{1} x^2 \, dx$$
$$= \frac{16}{3} \tag{8.11}$$

がわかる．実は，(8.10)の $v = u_1$ が(8.9)の $J[v]$ の最小値を与えているのである．このような，汎関数を最小とする $u$ の一般的な求め方は後で学ぶが，ここでは，事実だけを検証することにしよう．$v$ を $K$ の一般の関数として，

$$R = \int_{-1}^{1} [(v - u_1)']^2 \, dx = \int_{-1}^{1} (v' - u_1')^2 \, dx \tag{8.12}$$

を計算してみよう．すると，

$$R = \int_{-1}^{1} [(v')^2 - 4v' \cdot x + 4x^2] \, dx$$
$$= \int_{-1}^{1} (v')^2 \, dx - 4 \int_{-1}^{1} v' \cdot x \, dx + 8 \int_{0}^{1} x^2 \, dx$$
$$= \int_{-1}^{1} (v')^2 \, dx - 4[xv]_{-1}^{1} + 4 \int_{-1}^{1} v \, dx + \frac{8}{3} \quad \text{(部分積分による)}$$
$$= J[v] - \frac{16}{3}$$

なので，

$$J[v] = \int_{-1}^{1} [(v - u_1)']^2 \, dx + \frac{16}{3} \tag{8.13}$$

が得られる．(8.13)によれば，$J[v]$ は $v = u_1$ のとき，最小値 $\frac{16}{3}$ をとることが明らかである． □

　一般に，汎関数の最大最小を求める問題を**変分問題**（variational problem）という．また，汎関数の定義域に属する関数を**許容関数**（admissible function）という．例 8.2 の $J[v]$ の許容関数は(8.6)，(8.7)を満足する滑らかな関数であり，その全体の集合が $K$ である．

　次の例により補足的な注意をしておこう．

**例 8.3** 例 8.2 で考察した $J[v]$ と $K$ について，今度は $a = -2$, $b = 2$ の場合を考える．このとき，

176　8　変分法——出会いから応用へ

$$u_2(x) = x^2 - 3 \tag{8.14}$$

は最小値を与える有力候補である．実際，(8.13)を導いたときと同様に計算すると，

$$\int_{-2}^{2} [(v - u_2)']^2 \, dx = \int_{-2}^{2} (v')^2 \, dx - 2 \int_{-2}^{2} v' \cdot (2x) \, dx + \int_{-2}^{2} (2x)^2 \, dx$$
$$= \int_{-2}^{2} (v')^2 \, dx + 4 \int_{-2}^{2} v \, dx + \frac{16}{3}$$

なので，

$$J[v] = \int_{-2}^{2} [(v - u_2)']^2 \, dx - \frac{16}{3} \tag{8.15}$$

が得られ，$v = u_2$ のとき，$J[v]$ が最小値 $-\dfrac{16}{3}$ をとるように見える．しかし，実はそうではない．なぜなら，$u_2$ は境界条件(8.6)は満足しているが，非負値性の条件(8.7)に違反しているからである．ここでは立ち入った理由は示さないが，$a = -2$，$b = 2$ の場合には，$K$ を定義域とする $J[v]$ の変分問題の最小値は存在しないのである．　　　　　　　　　　　　　　　　　　　　　　　□

### （c）条件付きの変分問題

(8.8)で定義した許容関数の集合 $K$ を定義域として，いろいろな汎関数を考える．

$$S[v] = \int_{a}^{b} v(x) \, dx,$$
$$L[v] = \int_{a}^{b} \sqrt{1 + v'(x)^2} \, dx$$

とおく．$L[v]$ が曲線 $y = v(x)$ $(a \leqq x \leqq b)$ の長さであり，$S[v]$ がこの曲線と $x = a$，$x = b$，$y = 0$ の3直線によって囲まれる部分の面積であることは明らかであろう（図8.3を見よ）．

定義域を(8.8)で定義した $K$ とするとき，$S[v]$，$L[v]$ がいくらでも大きな値をとることは明らかである．$L[v]$ の最小値は $v \equiv 1$ の場合の値 $b - a$ であるから，$L[v]$ の値域は

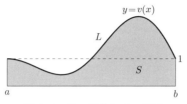

図 8.3 $S = S[v]$ と $L = L[v]$

図 8.4 関数列 $\{u_n\}$

$$b - a \leqq L[v] < \infty$$

となる．ところが，$S$ の値域は

$$0 < S[v] < \infty$$

となり，下限は 0 であるが最小値には到達しない．実際，図 8.4 のような関数列 $\{u_n\}$ を考えると，$S[u_n]$ は 0 に近づく．

興味深い問題は，$L[v]$ の値を $L[v] = l$ と固定して，すなわち，$L[v] = l$ を満たす関数 $v$ だけを用いて，$S[v]$ の値を最大にする問題である．もちろん，$l$ は $b - a$ より大きな正数である．まず，

$$b - a \leqq l \leqq \frac{\pi(b-a)}{2} \tag{8.16}$$

の場合を考える．(8.16) の最右辺は，2 点 $A(a, 1)$, $B(b, 1)$ を直径の両端とする半円の周長である．$l = \dfrac{\pi(b-a)}{2}$ のとき，$S[v]$ を最大にする関数 $v(x)$ のグラフは，A, B を直径の両端とし，上に張り出した半円である．このことは，$L = l$ を満たす他の許容関数 $v(x)$ のグラフが囲む面積との比較をするとき，それぞれに線分 AB に関して対称移動した補助曲線を補って考慮し (図 8.5 を見よ)，次の古来よく知られている等周問題の基本定理を用いることによって理解される．

178　8　変分法——出会いから応用へ

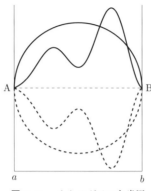

**図 8.5** $v(x)$ のグラフと半円

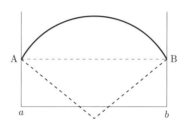

**図 8.6** (8.17)のもとで $S[v]$ を最大にする曲線

**命題 8.4**(等周問題の基本定理)　一定の長さをもつ閉曲線のうちで，最大の面積を囲むものは円である．

(8.16)で不等号が成り立つ場合，すなわち

$$b-a < l < \frac{\pi(b-a)}{2} \tag{8.17}$$

の場合も，$L=l$ の条件のもとで $S[v]$ を最大にする許容関数のグラフは，2 点 A, B を通り AB の長さが $l$ となるような上に張り出した円弧となるのである (図 8.6)．

最後に

$$l > \frac{\pi(b-a)}{2} \tag{8.18}$$

のときは，$S[v]$ の上限は存在するが，それを実現する関数は許容関数の中に

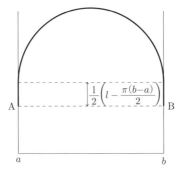

**図 8.7** (8.18)のもとで $S[v]$ を最大にする曲線

はない．ただし，垂直成分をもつ関数を許せば，$x=a,b$ で上方に向かって $\frac{1}{2}\left(l-\frac{\pi(b-a)}{2}\right)$ だけ上昇し，その後半径 $\frac{b-a}{2}$ の半円周で結ばれる曲線のとき，$S[u]$ は最大となる（図 8.7）．

## 8.2 オイラーの方程式

### (a) 弦のつり合い

いま，図 8.8 のように，$x$ 軸上の 2 点 $x=0$, $x=l$ に張られた長さ $l$ の弦が外力 $f$ のもとに変形している状態を考える．ただし，弦は伸びに対して弾性をもち，$f$ は $x$ 軸に直交する向きの力であるとする（第 5 章も参照せよ）．

弦の点 $x$ の変位を $v(x)$ とおくと，弦の形状が $v=v(x)$ であるときの変形のエネルギー $J[v]$ は，物理定数を適当にとると，

$$J[v] = \frac{1}{2}\int_0^l v'(x)^2 \, dx - \int_0^l f(x)v(x) \, dx \tag{8.19}$$

となることが知られている．

弾性体の力学によると，弦のつり合いの形状は，与えられた $f=f(x)$ に対して，$J[v]$ を最小にする $u=u(x)$ によって実現される．すなわち，つり合いの状態を求める問題は，**汎関数 $J[v]$ の最小値問題**に帰着するのである．

この場合の許容関数 $v=v(x)$ は境界条件

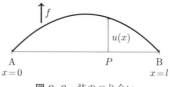

図 8.8 弦のつり合い

$$v(0) = 0, \quad v(l) = 0 \tag{8.20}$$

を満足し，$v(x)$ と $v'(x)$ が連続な関数である．すなわち，$J[v]$ の定義域は

$$K = \{v \in C^1[0,l] \mid v(0) = v(l) = 0\} \tag{8.21}$$

である．なお，$f = f(x)$ は連続関数であるとしておく．

記号としては，いま考えている変分問題

$$J[u] = \min_{v \in K} J[v] \text{ を満たす } u \in K \text{ を見いだせ} \tag{8.22}$$

を (VP) で表そう．そして，この変分問題 (VP) の解 $u = u(x)$ を求める方法を説明する．

まずは必要条件を導く．そのために，(8.22) の解 $u$ が得られているとする．$K$ に属する任意の関数 $\varphi = \varphi(x)$ を選んで固定し，$t$ を実数の変数とする．すると，$u + t\varphi$ も $K$ に属する関数である．そして，

$$h(t) = J[u + t\varphi] \tag{8.23}$$

を考えると，これは変数 $t$ の関数である．$u$ の定義により，

$$h(0) = J[u] \leqq J[u + t\varphi] = h(t)$$

であるから，$h(t)$ は $t = 0$ で最小値をとる．したがって，

$$\frac{dh}{dt}(0) = h'(0) = 0 \tag{8.24}$$

が成り立つはずである．具体的に $h(t)$ を書き下してみると，

$$h(t) = \frac{1}{2} \int_0^l (u' + t\varphi')^2 \, dx - \int_0^l f \cdot (u + t\varphi) \, dx$$

$$= J[u] + t \int_0^l u'\varphi' \, dx - t \int_0^l f\varphi \, dx + \frac{t^2}{2} \int_0^l (\varphi')^2 \, dx$$

であるから(これは $t$ に関する 2 次関数にすぎない),

$$\frac{dh}{dt}(0) = h'(0) = \int_0^l (u'\varphi' - f\varphi) \, dx$$

である.

よって, (8.24)は,

$$\int_0^l (u'\varphi' - f\varphi) \, dx = 0 \qquad (\varphi \in K) \tag{8.25}$$

と書ける. すなわち, 最小値を与える解 $u$ は, 任意の $\varphi \in K$ に対して(8.25)を満足することが必要である.

(8.25)を汎関数 $J[v]$ の**停留条件**とよぼう. いまの場合は, 停留条件(8.25)が, $v = u$ において $J[v]$ が最小になるための十分条件となる. それを確かめてみよう.

実際, $v \in K$ を任意にとり,

$$\varphi = v - u \tag{8.26}$$

と定義すると, $\varphi \in K$ である. このとき,

$$J[v] - J[u] = J[u + \varphi] - J[u]$$

$$= J[u] + \int_0^l u'\varphi' \, dx - \int_0^l f\varphi \, dx + \frac{1}{2} \int_0^l (\varphi')^2 \, dx - J[u]$$

となるが, (8.25)が成り立つことを用いれば,

$$J[v] - J[u] = \frac{1}{2} \int_0^l (\varphi')^2 \, dx \tag{8.27}$$

が得られる. これは, $J[v] \geqq J[u]$ がつねに成り立つこと, すなわち, $J[u]$ が最小値であることを示している.

さらに, 最小となるのは,

$$\varphi' \equiv 0 \tag{8.28}$$

のときに限られることも (8.27) からわかる．境界条件 $\varphi(0) = \varphi(l) = 0$ を考慮すると，(8.28) は $\varphi \equiv 0$ を意味する．すなわち，最小値を与える $v$ は $u$ のみであること，言い換えると，解の一意性が示された．

すなわち，(VP) については，停留条件が**最小化条件**でもある．

停留条件 (8.25) を変形しよう．そのために，$u$ は 2 階連続微分可能であるとする．部分積分を行ってから，境界条件 $\varphi(0) = \varphi(l) = 0$ を使うと，

$$\int_0^l u'\varphi' \, dx = [u'\varphi]_{x=0}^{x=l} - \int_0^l u''\varphi \, dx = -\int_0^l u''\varphi \, dx$$

となる．したがって，(8.25) は，

$$\int_0^l (u'' + f)\varphi \, dx = 0 \qquad (\varphi \in K) \tag{8.29}$$

と書き換えられる．どんな $\varphi \in K$ に対しても (8.29) が成り立つことから，

$$u''(x) + f(x) = 0 \qquad (0 < x < l) \tag{8.30}$$

が導かれる．これは，次に述べる変分法の基本補題によるものである（→ 8.A 項）．

---

**命題 8.5**(変分法の基本補題)　閉区間 $[0, l]$ で定義された連続関数 $g(x)$ が，(8.21) で定義される $K$ に属する任意の関数 $\varphi(x)$ に対して，

$$\int_0^l g(x)\varphi(x) \, dx = 0 \tag{8.31}$$

を満たせば，実は，$g \equiv 0$ である．

---

さて，(8.30) は，$u$ が微分方程式

$$-u'' = f \qquad (0 < x < l) \tag{8.32}$$

の解であることを意味している．一方で，$u$ は $K$ の要素であるから，境界条件

$$u(0) = u(l) = 0 \tag{8.33}$$

を満足している．結局，次の事実が確かめられた．

**定理 8.6** (8.22)の変分問題(VP)の解 $u$ は，境界値問題(8.32)，(8.33)の解にほかならない．言い換えれば，変分問題(8.22)と境界値問題(8.32)，(8.33)とは同値である．

**例 8.7** $f \equiv 1$ の場合には，(8.32)から，$u(x) = -\dfrac{1}{2}x^2 + \alpha x + \beta$ の形がわかる．この $\alpha$ と $\beta$ を境界条件を満たすように定めると，

$$u(x) = \frac{1}{2}x(l - x)$$

となることは，例 5.1 で確認済みである．これが，変分問題(8.22)の解である． □

(8.32)を，変分問題(8.22)における，あるいは，汎関数 $J[v]$ に対する**オイラーの方程式**(Euler's equation)という．

### (b) 一般の場合

最初に，上で扱ったのと同じ汎関数(8.19)の変分問題であるが，境界条件が，

$$v(0) = \alpha, \qquad v(l) = \beta \tag{8.34}$$

と非同次になっている場合を考える．このときの許容関数の全体を $V$ で表すと，

$$V = \{ v \in C^1[0, l] \mid v(0) = \alpha, \ v(l) = \beta \} \tag{8.35}$$

である．しかし，この $V$ に属する 2 つの関数 $u, v$ に対して，それらの差は以前と同じ $K$ に属する．すなわち，

$$u, v \in V \implies u - v \in K \tag{8.36}$$

184   8 変 分 法——出会いから応用へ

である. また,

$$u \in V, \ \varphi \in K, \ t \in \mathbb{R} \quad \Longrightarrow \quad u + t\varphi \in V \tag{8.37}$$

も成り立つ.

　したがって, 変分問題の境界条件が(8.34)である場合も, 最小化関数 $u$ が満たすべき停留条件は, もとと同じ(8.25)で与えられる. よって, $u$ の満足するオイラーの方程式も, もとと同じ(8.32)である.

**例 8.8**　$l=1$, $f \equiv 1$ のとき, 境界条件

$$v(0) = 1, \qquad v(1) = 2$$

のもとで, (8.19)の汎関数 $J[v]$ を最小にする関数 $u$ は, 境界値問題

$$-u'' = f \quad (0 < x < 1), \qquad u(0) = 1, \quad u(1) = 2$$

を解いて,

$$u(x) = 1 + x + \frac{1}{2}x(1-x)$$

となる.　　　　　　　　　　　　　　　　　　　　　　　　　　　　□

　さて, 汎関数が一般の形をしている場合の考察に進もう.

　考える $x$ の区間は, 引き続き $[0,l]$ とし, 境界条件は(8.34)のものを考える. すなわち, 許容関数は, (8.35)で定義される $V$ に属する関数である.

　汎関数については, 3変数の滑らかな関数 $F(x,y,z)$ の $y$ と $z$ のところに $v(x)$ と $v'(x)$ を代入した関数 $F(x,v(x),v'(x))$ を用いて,

$$J[v] = \int_0^l F(x,v(x),v'(x)) \, dx \tag{8.38}$$

を考える. (8.19)の $J[v]$ については,

$$F(x,y,z) = \frac{1}{2}z^2 - f(x)y$$

に相当している.

　そして, 変分問題

$$J[u] = \min_{v \in V} J[v] \text{ を満たす } u \in V \text{ を見いだせ} \qquad (8.39)$$

を考えよう.

以下では,

$$F_x(x, v, v') = \frac{\partial F}{\partial x}(x, v(x), v'(x)),$$

$$F_v(x, v, v') = \frac{\partial F}{\partial y}(x, v(x), v'(x)),$$

$$F_{v'}(x, v, v') = \frac{\partial F}{\partial z}(x, v(x), v'(x))$$

と書くことにする. ただし, たとえば, $\dfrac{\partial F}{\partial x}(x, v(x), v'(x))$ とは, 3 変数の関数 $F(x, y, z)$ を $\dfrac{\partial F}{\partial x}(x, y, z)$ と偏微分してから, $y = v(x)$, $z = v'(x)$ を代入したものを表している.

変分問題 (8.39) における停留条件を前と同様にして求めよう. すなわち, $v = u$ が最小を与える関数であるとして, 任意の $t \in \mathbb{R}$ と任意の $\varphi \in K$ に対して,

$$u_t = u + t\varphi \qquad (t \in \mathbb{R}, \ \varphi \in K)$$

とおく (この場合, $u_t$ の添え字 $t$ は, $t$ に関する偏微分を表しているのではなく, 単にパラメータを明示しただけにすぎない). $K$ は (8.21) と同じものである. (8.37) で述べたように, $u_t \in V$ なので, これを $J[v]$ の $v$ に代入してもよい. 当然,

$$h(t) = J[u + t\varphi] = \int_0^l F(x, u_t, u_t') \, dx$$

は, $t = 0$ で最小となるから, $h'(0) = 0$ である.

計算を実行すると,

$$h'(0) = \int_0^l [F_u(x, u, u')\varphi + F_{u'}(x, u, u')\varphi'] \, dx = 0$$

である. これが, $u$ が満たすべき停留条件であるが, これはさらに, 境界条件 $\varphi(0) = \varphi(l) = 0$ を考慮した部分積分によって,

$$\int_0^l \left[ F_u(x, u, u') - \frac{d}{dx} F_{u'}(x, u, u') \right] \varphi \, dx = 0 \qquad (8.40)$$

と書き換えられる. ここで, 被積分関数の中の $\dfrac{d}{dx} F_{u'}(x, u, u')$ は, $x$ につい
ての関数 $F_{u'}(x, u, u') = F_{u'}(x, u(x), u'(x))$ の微分を意味している. (8.40)は,
任意の $\varphi \in K$ について成立するから, 命題8.5により, $v = u$ が満足すべき微
分方程式として,

$$F_u(x, u(x), u'(x)) - \frac{d}{dx} F_{u'}(x, u(x), u'(x)) = 0 \qquad (0 < x < l) \qquad (8.41)$$

が導かれる. この微分方程式が, いま考えている変分問題の, したがって, い
ま扱っている汎関数に対する**オイラーの方程式**である.

すなわち, $u$ は, (8.41)および境界条件(8.34)からなる境界値問題の解で
ある.

一般の場合は, 停留条件を満足する関数が必ずしも最小値問題の解になって
いるとは限らない. この点は, 実数値関数 $g(x)$ の最小値問題において, 条件
$g'(\alpha) = 0$ は内点 $x = \alpha$ で最小となるための必要条件にすぎず, $g'(\alpha) = 0$ であ
っても $x = \alpha$ が極大点, 極小点あるいは, 単調な停留点にある可能性があるの
と同様である.

しかし, 停留条件を満足する関数が最小値問題の解の有力候補であることは
確かである. その意味で次の定理は有用である.

**定理8.9** $V = \{v \in C^1[0, l] \mid v(0) = \alpha, \; v(l) = \beta\}$ において, 汎関数

$$J[v] = \int_0^l F(x, v, v') \, dx$$

を停留にする関数 $u$ は, オイラーの方程式

$$F_u(x, u(x), u'(x)) - \frac{d}{dx} F_{u'}(x, u(x), u'(x)) = 0 \qquad (0 < x < l)$$

と境界条件 $u(0) = \alpha, \, u(l) = \beta$ とからなる境界値問題の解である.

なお, 本来, $u$ が $J[v]$ を停留にするとは, (しかるべきノルムのもとで)
$\|v - u\|$ が微小であるとき,

$$J[v] - J[u] = o(\|v - u\|)$$

となること，すなわち，

$$J[v] = J[u] + 高次の微小量$$

となることである．

高次の導関数を含む汎関数のオイラーの方程式の導き方も本質的に上と同様であるが，停留条件と最小化との関係についての数学的議論とともに，変分法の成書にまかせよう．

### （c）自然境界条件

汎関数

$$J[v] = \frac{1}{2} \int_0^l v'(x)^2 \, dx - \int_0^l f(x)v(x) \, dx \tag{8.19}$$

の考察に戻ろう．ただし，許容関数 $v$ に対する境界条件は，左端 $x = 0$ でのみ $v(0) = 0$ と課せられていて，右端 $x = l$ では何の条件も課さないものとする．すなわち，許容関数の集合として

$$K_1 = \{v \in C^1[0, l] \mid v(0) = 0\} \tag{8.42}$$

をとり，変分問題

$$J[u] = \min_{v \in K_1} J[v] \text{ を満たす } u \in K_1 \text{ を見いだせ} \tag{8.43}$$

を考えるわけである．

このとき，前と同様に議論して，停留条件

$$\int_0^l (u'\varphi' - f\varphi) \, dx = 0 \qquad (\varphi \in K_1) \tag{8.44}$$

を導ける．$K \subset K_1$ なので，(8.44)を満たす $u$ は(8.25)も満たしている．したがって，いまの場合も，$u$ は前と同じオイラーの方程式

$$-u'' = f \qquad (0 < x < l) \tag{8.45}$$

の解である.

このことを確認したうえで，任意の $\varphi \in K_1$ に対して，(8.44)の左辺を部分積分によって変形すると，(8.45)と $\varphi(0)=0$ も援用して，

$$
\begin{aligned}
0 &= \int_0^l (u'\varphi' - f\varphi)\,dx \\
&= [u'\varphi]_{x=0}^{x=l} - \int_0^l u''\varphi\,dx - \int_0^l f\varphi\,dx = u'(l)\varphi(l)
\end{aligned}
$$

となる．$\varphi \in K_1$ の中で，特に $\varphi(l) \neq 0$ となるものを選べば，これより，

$$
u'(l) = 0 \tag{8.46}
$$

が導かれる．このような境界条件を 6.3 節(a)ではノイマン境界条件とよんだ．

$K_1$ に属する関数は，一般には，条件(8.46)を満たさない．しかし，最小化関数 $u$ は自然に満足する境界条件である．この意味で，(8.46)を，変分問題(8.43)の**自然境界条件**(natural boundary condition)という．

言い換えれば，境界条件が課せられていない自由端を含む変分問題の解 $u$ が満足するべき境界値問題は，

　　　オイラーの方程式，もともとの境界条件[*1]，自然境界条件

からなる．

**例 8.10**　$l=1$, $f \equiv 1$ の場合に，変分問題(8.43)を考えよう．すなわち，

$$
J[v] = \frac{1}{2}\int_0^1 [v'(x)^2 - 2v(x)]\,dx
$$

を境界条件 $v(0)=0$ のみを満たす許容関数に対して最小化するのである．最小値を与える関数 $u$ が満たすべき境界値問題は，

$$
u'' = -1 \quad (0 < x < 1), \qquad u(0) = 0, \quad u'(1) = 0
$$

---

[*1]　この場合は，具体的には，$v(0)=0$ を意味する．なお，数値解析(特に有限要素法)の分野では，自然境界条件に対して，許容関数の条件として課せられている境界条件を基本境界条件(fundamental boundary condition)あるいは本質的境界条件(essential boundary condition)などとよぶことがある．

である．これを満たす関数は，

$$u(x) = \frac{1}{2}x(2-x)$$

である． ☐

### （d）ロバン境界条件

上と同じ $K_1 = \{v \in C^1[0,l] \,|\, v(0) = 0\}$ を許容関数の範囲として，汎関数

$$J[v] = \frac{1}{2}\int_0^l v'(x)^2\ dx - \int_0^l f(x)v(x)\ dx + \frac{1}{2}\sigma v(l)^2$$

を最小にする $u \in K_1$ を求める変分問題を考える．ただし，$\sigma$ は正の定数である．

$\varphi \in K_1$ を任意として，$t \in \mathbb{R}$ に関する 1 変数の実数値関数 $h(t) = J[u+t\varphi]$ を考えると，

$$h(t) = J[u] + \frac{t^2}{2}\left[\int_0^l (\varphi')^2\ dx + \sigma\varphi(l)^2\right]$$
$$+ t\underbrace{\left[\int_0^l u'\varphi'\ dx - \int_0^l f\varphi\ dx + \sigma u(l)\varphi(l)\right]}_{=I} \quad (8.47)$$

と計算できる．$u$ は変分問題の解なので，$h'(0) = 0$ となることが必要であるから，$I = 0$ が得られる．$I$ を部分積分で変形すると，

$$\int_0^l (-u'' - f)\varphi\ dx + [u'(l) + \sigma u(l)]\varphi(l) = 0 \quad (8.48)$$

となる．$\varphi$ は $K_1$ の任意の関数であったので，さらに $\varphi(l) = 0$ となるように選ぶと，(8.48) は，

$$\int_0^l (-u'' - f)\varphi\ dx = 0 \quad (8.49)$$

となる．よって変分法の基本補題により，$-u''(x) = f(x)\ (x \in (0,l))$ が成り立つことがわかる．このとき，(8.48) は，

$$[u'(l) + \sigma u(l)]\varphi(l) = 0$$

190  8 変 分 法──出会いから応用へ

となるから，今度は $\varphi(l)=1$ となるように $\varphi$ を選べば，$u'(l)+\sigma u(l)=0$ を得る．一方で，$u \in K_1$ なので，$u(0)=0$ は明らかである．したがって，$u$ は

$$-u'' = f \quad (0 < x < l), \quad u(0) = 0, \quad u'(l) + \sigma u(l) = 0 \tag{8.50}$$

を満たす．

逆に，$u$ を境界値問題(8.50)の解とする．そして，$0 \not\equiv \varphi \in K_1$ を任意として，$v = u + \varphi \in K_1$ とおく．$J[v] = J[u+\varphi]$ を(8.47)と同様に計算して，さらに(8.50)を使うと，

$$J[v] = J[u] + \frac{1}{2}\left[\int_0^l (\varphi')^2 \, dx + \sigma \varphi(l)^2\right] > J[u]$$

となるので，$u$ は変分問題の解である．

なお，

$$u'(l) + \sigma u(l) = 0$$

の形の境界条件を**ロバン境界条件**[*2]という．


## 8.3 多変数の問題

### (a) ディリクレ問題と変分法

いま，$xy$ 平面の円板領域 $\Omega = \{(x,y) \mid x^2+y^2 < 1\}$ において，偏微分方程式

$$\frac{\partial^2 u}{\partial x^2}(x,y) + \frac{\partial^2 u}{\partial y^2}(x,y) = -1 \qquad ((x,y) \in \Omega) \tag{8.51}$$

を満足し，かつ，$\Omega$ の境界 $\Gamma = \{(x,y) \mid x^2+y^2 = 1\}$ において境界条件

$$u(x,y) = 0 \qquad ((x,y) \in \Gamma)$$

を満足する関数を求める境界値問題を考えよう．ここでは，こうした境界値問題の一般的な解法に立ち入らないが，

---

[*2]  Victor Gustave Robin 1855-1897.

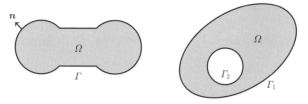

**図 8.9** 有界領域 $\Omega$ とその境界 $\Gamma$ ($\Gamma = \Gamma_1 \cup \Gamma_2$)

$$u(x,y) = \frac{1-(x^2+y^2)}{4}$$

が解であることは検算によりすぐにわかる.

一般の場合には,$\Omega$ を区分的に滑らかな境界 $\Gamma$ で囲まれた有界領域として(図 8.9),偏微分方程式

$$-\Delta u = f \qquad (\Omega \text{において}) \tag{8.52}$$

と境界条件

$$u = \beta \qquad (\Gamma \text{において}) \tag{8.53}$$

を満たすような関数 $u = u(x,y)$ を求める問題を考える.ここで,$f = f(x,y)$ は $\overline{\Omega} = \Omega \cup \Gamma$ 上の関数,$\beta = \beta(x,y)$ は $\Gamma$ 上の関数で,ともに与えられているとする.さらに,

$$\Delta u = \frac{\partial^2 u}{\partial x^2} + \frac{\partial^2 u}{\partial y^2}$$

という記号を用いている.$\Delta$ は**ラプラス作用素**,あるいは,**ラプラシアン**とよばれる[*3].(8.52)は**ポアソン方程式**[*4]とよばれる.また,(8.53)はディリクレ境界条件である.(8.52),(8.53)からなる境界値問題を,**ポアソン方程式のディリクレ境界値問題**,あるいは単に,**ディリクレ問題**という.

ディリクレ問題は,楕円型偏微分方程式の典型的な問題であり,次で定義される変分問題との関係が深い.

すなわち,境界条件(8.53)を満足し,$\overline{\Omega}$ で滑らかな関数 $v$ を許容関数とし

---

[*3] Pierre-Simon Laplace 1749–1827.
[*4] Siméon Denis Poisson 1781–1840.

192  8 変 分 法——出会いから応用へ

て，汎関数

$$J[v] = \frac{1}{2} \iint_\Omega |\nabla v|^2 \, dxdy - \iint_\Omega fv \, dxdy \tag{8.54}$$

を最小にする変分問題

$$J[u] = \min_{v \in V} J[v] \ \text{を満たす } u \in V \text{ を見いだせ} \tag{8.55}$$

がそれである．この変分問題を(VPD)で表そう．ただし，

$$\nabla v = \left( \frac{\partial v}{\partial x}, \ \frac{\partial v}{\partial y} \right), \qquad |\nabla v|^2 = \left( \frac{\partial v}{\partial x} \right)^2 + \left( \frac{\partial v}{\partial y} \right)^2$$

という記法を用いた．

許容関数の全体 $V$ と後で用いる $K$ をしるしておこう．すなわち，

$$V = \{v \in C^1(\overline{\Omega}) \mid v = \beta \quad (\Gamma \text{において})\}, \tag{8.56}$$

$$K = \{\varphi \in C^1(\overline{\Omega}) \mid \varphi = 0 \quad (\Gamma \text{において})\} \tag{8.57}$$

とする．

いま，変分問題(VPD)の解が $u$ であったとしよう．そうすると，任意の $\varphi$ $\in K$ と任意の $t \in \mathbb{R}$ に対して，

$$h(t) = J[u + t\varphi]$$

は $t=0$ で最小となるから，$h'(0)=0$ でなければならない．ここまでの論法は，前と同じである．

$h'(0)$ を計算すると，

$$h'(0) = \iint_\Omega \nabla u \cdot \nabla \varphi \, dxdy - \iint_\Omega f\varphi \, dxdy$$

となる．ただし，

$$\nabla u \cdot \nabla \varphi = \frac{\partial u}{\partial x} \frac{\partial \varphi}{\partial x} + \frac{\partial u}{\partial y} \frac{\partial \varphi}{\partial y}$$

である．

すなわち，$u$ の満たすべき停留条件は，

$$\iint_\Omega (\nabla u \cdot \nabla \varphi - f\varphi)\, dxdy = 0 \qquad (\varphi \in K) \tag{8.58}$$

である(実は,この停留条件は最小化条件である).

(8.58)から,(8.52)を導くために,**グリーンの公式**を復習しておこう.$\overline{\Omega}$ 上の滑らかな関数 $w = w(x, y)$, $v = v(x, y)$ に対して,

$$\iint_\Omega (\Delta w)v\, dxdy = \int_\Gamma \frac{\partial w}{\partial \boldsymbol{n}} v\, dS - \iint_\Omega \nabla w \cdot \nabla v\, dxdy \tag{8.59}$$

が成り立つ.ただし,$\dfrac{\partial w}{\partial \boldsymbol{n}} = \nabla w \cdot \boldsymbol{n}$ であり,$\boldsymbol{n} = \boldsymbol{n}(x, y)$ $((x, y) \in \Gamma)$ は,$\Gamma$ 上で定義された外向きの単位法線ベクトルである.また,$\displaystyle\int_\Gamma \cdots dS$ は $\Gamma$ に沿った曲線積分を表す.

さて,$w = u$, $v = \varphi$ として,(8.59)を適用する.結果を,(8.58)に代入すると,$\varphi \in K$ は $\Gamma$ 上では $\varphi = 0$ なので,

$$\iint_\Omega (\Delta u + f)\varphi\, dxdy = 0 \qquad (\varphi \in K) \tag{8.60}$$

が導かれる.変分法の基本補題(命題 8.5)は多次元でも成り立つので,これから,

$$\Delta u + f = 0 \qquad (\Omega において)$$

であることがわかり,ポアソン方程式(8.52)がこの変分問題のオイラーの方程式であることが確かめられた.

一方で,この逆,すなわち,(8.52), (8.53)を満たす関数 $u$ が,(8.55)を満たすことを確かめるのは比較的やさしい.

まとめると,次の事実が得られた.

**定理 8.11** 変分問題(VPD)の解は,ポアソン方程式のディリクレ境界値問題(8.52), (8.53)の解にほかならない.

### (b) 多次元での自然境界条件

いま,$\Omega$ の境界は外側の閉曲線 $\Gamma_1$ と内側の閉曲線 $\Gamma_2$ とからなっているとする(図 8.9 の右側).そして,変分問題を考える汎関数は(8.54)で前と同じ

であるが，許容関数の満たすべき境界条件は，

$$v = \beta \qquad (\Gamma_2 \text{において}) \tag{8.61}$$

だけであり，外側の境界 $\Gamma_1$ では制約がないとする．

すなわち，

$$V_1 = \{v \in C^1(\overline{\Omega}) \mid v = \beta \quad (\Gamma_2 \text{において})\}$$

を定義域として $J[v]$ を最小にするのである．この変分問題の解 $u$ は，オイラーの方程式を満たすほか，境界条件としては，もともとの(8.61)に加えて，自然境界条件

$$\frac{\partial u}{\partial \boldsymbol{n}} = 0 \qquad (\Gamma_1 \text{において}) \tag{8.62}$$

を満足することが示される．実際，

$$K_1 = \{\varphi \in C^1(\overline{\Omega}) \mid \varphi = 0 \quad (\Gamma_2 \text{において})\}$$

とおいて，$\varphi \in K_1$ を任意とすると，$h(t) = J[u + t\varphi]$ は $h'(0) = 0$ を満たすから，$u$ の満たすべき停留条件

$$\iint_\Omega (\nabla u \cdot \nabla \varphi - f\varphi)\, dxdy = 0 \qquad (\varphi \in K_1) \tag{8.63}$$

が得られる．さらに，$\varphi \in K$（$K$ は(8.57)で定義したもの）とすることで，$u$ が，ポアソン方程式(8.52)を満たすこともわかる．ただし，境界条件(8.53) は満たさない．(8.63)に，グリーンの公式を適用して，さらに，ポアソン方程式(8.52)を使うと，任意の $\varphi \in K_1$ に対して，

$$\int_\Gamma \frac{\partial u}{\partial \boldsymbol{n}} \varphi\, dS = \iint_\Omega (\Delta u + f)\varphi\, dxdy = 0$$

となる．左辺の積分は，

$$\int_\Gamma \frac{\partial u}{\partial \boldsymbol{n}} \varphi\, dS = \int_{\Gamma_1} \frac{\partial u}{\partial \boldsymbol{n}} \varphi\, dS + \int_{\Gamma_2} \frac{\partial u}{\partial \boldsymbol{n}} \varphi\, dS \tag{8.64}$$

と分解できるが，$\Gamma_2$ 上では $\varphi = 0$ なので，右辺の第2項目は0となる．したがって，

$$\int_{\Gamma_1} \frac{\partial u}{\partial \boldsymbol{n}} \varphi \, dS = 0 \qquad (\varphi \in K_1)$$

が得られる．あとは変分法の基本補題(正確には，その曲線版を用意しておく必要がある)によって，$u$ が(8.62)を満たすことが示される．

(8.61)のように，境界上で関数値が指定されている境界条件をディリクレ境界条件というのに対して，(8.62)のように，法線微分の値が指定されている境界条件をノイマン境界条件という．変分法の立場では，ノイマン境界条件は自然境界条件の一種にほかならない．

## 8.4 変分法に基づく近似解法

### (a) リッツ–ガレルキンの方法

変分法は，エネルギー最小の原理といった物理の基本原理と密接な関係があり，法則の導出や解の挙動の解析的な解明にも広く用いられる．また，解析学の広い範囲で数学の理論を進めるためにも活用されている．

しかし，そのような話題に関しては，今後の，読者自身の勉強を期待することにして，本章の最後の話題としては，理工学の諸分野で行われるコンピュータ・シミュレーションの際に盛んに用いられている，変分法に根拠をおく近似解法，特に，**リッツ–ガレルキン法**[*5]と，その特別な場合に相当する**有限要素法**(finite element method, FEM)を取り上げたい．

具体的な例で説明する．前節で扱ったポアソン方程式のディリクレ境界値問題

$$-\Delta u = f \qquad (\Omega \text{において}), \qquad u = \beta \qquad (\Gamma \text{において}) \tag{8.65}$$

を解くことを目標にしよう．$\Omega$ は $\mathbb{R}^2$，すなわち，$xy$ 平面の有界領域，$\Gamma$ をその境界とする．$f$ と $\beta$ は，それぞれ，$\overline{\Omega}$ と $\Gamma$ 上の関数であり，与えられているとする．

表記の便宜のために，

---

[*5]　Walther Ritz 1878-1909, Boris Grigoryevich Galerkin 1871-1945.

$$a(u,v) = \iint_\Omega \nabla u \cdot \nabla v \, dxdy,$$

$$(u,v) = \iint_\Omega uv \, dxdy$$

とおく. そうすると, (8.54)の汎関数は,

$$J[v] = \frac{1}{2} a(v,v) - (f,v) \qquad (v \in V) \tag{8.66}$$

と書ける. ここで, $V$ は(8.56)で定められた関数の集合である.

定理8.11により, (8.65)は, 変分問題(8.55)と同値なのであった. 停留条件(8.58)も含めて, 再度まとめると次のようになる. すなわち, 次の3つは互いに同値である.

(i)  $u$ はポアソン方程式のディリクレ境界値問題(8.65)の解である.

(ii)  $u \in V$ は, (8.66)で定義される汎関数 $J[v]$ を $V$ において最小化する. つまり, 次を満たす:

$$J[u] = \min_{v \in V} J[v]. \tag{8.67}$$

(iii)  $u \in V$ は, 次の停留条件を満たす:

$$a(u, \varphi) = (f, \varphi) \qquad (\varphi \in K). \tag{8.68}$$

なお, $K$ は(8.57)で定めた関数の集合である.

はじめに**リッツの方法**を説明しよう. まず,

$$b(x,y) = \beta(x,y) \qquad ((x,y) \in \Gamma)$$

を満たす $V$ の関数 $b = b(x,y)$ を一つ固定する.

そして, $K$ の中から $n$ 個の1次独立な関数 $\{\varphi_1, \varphi_2, \ldots, \varphi_n\}$ を選んでおいて, 求める $u$ の近似関数 $u_n$ を

$$u_n = b + \alpha_1 \varphi_1 + \alpha_2 \varphi_2 + \cdots + \alpha_n \varphi_n \tag{8.69}$$

の形で求める. 係数 $\alpha_1, \alpha_2, \ldots, \alpha_n \in \mathbb{R}$ は, 関数 $u_n$ が, $u$ にできるだけ近くなるように定めたい.

関数 $\{\varphi_1, \varphi_2, \ldots, \varphi_n\}$ の張る部分空間を $K_n$ とする. すなわち,

$$K_n = \{w_n = c_1\varphi_1 + c_2\varphi_2 + \cdots + c_n\varphi_n \mid c_1, c_2, \ldots, c_n \in \mathbb{R}\} \tag{8.70}$$

である.

リッツの方法では，汎関数 $J[v]$ を $V$ 全体でなく，

$$V_n = \{v_n = b + w_n \mid w_n \in K_n\} \tag{8.71}$$

で最小化し，この最小値を実現する関数 $u_n \in V_n$ を $u$ の近似解として採用するのである．いま，

$$v_n = b + c_1\varphi_1 + c_2\varphi_2 + \cdots + c_n\varphi_n \tag{8.72}$$

と書いて，$a(\varphi_k, \varphi_j) = a(\varphi_j, \varphi_k)$ を用いて，$J[v_n]$ を書き下してみると，

$$\begin{aligned}
J[v_n] &= \frac{1}{2}a(v_n, v_n) - (f, v_n) \\
&= \sum_{k=1}^{n}\sum_{j=1}^{n}\frac{1}{2}c_k c_j a(\varphi_k, \varphi_j) \\
&\quad - \sum_{j=1}^{n} c_j[(f, \varphi_j) - a(b, \varphi_j)] + \frac{1}{2}a(b, b) - (f, b) \\
&= \frac{1}{2}\sum_{k=1}^{n}\sum_{j=1}^{n} c_k c_j a_{jk} - \sum_{j=1}^{n} c_j g_j + r \tag{8.73}
\end{aligned}$$

となる．ただし，

$$a_{kj} = a(\varphi_k, \varphi_j), \quad g_j = (f, \varphi_j) - a(b, \varphi_j), \quad r = \frac{1}{2}a(b, b) - (f, b)$$

とおいている．ここで，

$$A = \begin{pmatrix} a_{11} & \cdots & a_{1n} \\ \vdots & \ddots & \vdots \\ a_{n1} & \cdots & a_{nn} \end{pmatrix}, \quad \boldsymbol{g} = \begin{pmatrix} g_1 \\ \vdots \\ g_n \end{pmatrix}, \quad \boldsymbol{c} = \begin{pmatrix} c_1 \\ \vdots \\ c_n \end{pmatrix}$$

と記号を定め，一般に，2 つのベクトル $\boldsymbol{p}$ と $\boldsymbol{q}$ に対して，その内積を $\boldsymbol{p} \cdot \boldsymbol{q} = p_1 q_1 + \cdots + p_n q_n$ と表すことにすれば，(8.73)は，

$$J[v_n] = \frac{1}{2}(A\boldsymbol{c}) \cdot \boldsymbol{c} - \boldsymbol{g} \cdot \boldsymbol{c} + r$$

198    8 変 分 法——出会いから応用へ

と書ける. $J[v_n]$ は, 変数 $\boldsymbol{c}=(c_1, c_2, \ldots, c_n)$ に対する $n$ 変数の関数であるから, 改めて,

$$F(\boldsymbol{c}) = \frac{1}{2}(A\boldsymbol{c})\cdot\boldsymbol{c} - \boldsymbol{g}\cdot\boldsymbol{c} + r \qquad (\boldsymbol{c}\in\mathbb{R}^n)$$

と書くことにする. 明らかに,

$$J[u_n] = \min_{v_n\in V_n} J[v_n] = \min_{\boldsymbol{c}\in\mathbb{R}^n} F(\boldsymbol{c}) \tag{8.74}$$

であるから, $F(\boldsymbol{c})$ を最小化する $\boldsymbol{c}=\boldsymbol{\alpha}\in\mathbb{R}^n$ を求めればよい.

(8.73)を用いれば, 各 $1\leqq i\leqq n$ について,

$$\frac{\partial F}{\partial c_i}(\boldsymbol{c}) = a_{ii}c_i + \frac{1}{2}\sum_{k\neq i}a_{ki}c_k + \frac{1}{2}\sum_{j\neq i}a_{ij}c_j - g_i$$
$$= \sum_{k=1}^{n} a_{ik}c_k - g_i$$

と計算できる. したがって, $F(\boldsymbol{c})$ に対する停留条件は,

$$A\boldsymbol{c} = \boldsymbol{g} \tag{8.75}$$

となる. このことは, なじみの深い 2 次関数 $y=\dfrac{1}{2}ax^2+bx+c$ の極値条件が $y'=ax+b=0$ であることの多変数への拡張となっている.

次に, 具体的に(8.75)を満たす $\boldsymbol{c}=\boldsymbol{\alpha}$ が, 実際に最小値を実現し得るかどうかを考察する. $\boldsymbol{c}\in\mathbb{R}^n$ を任意として, $\boldsymbol{z}=\boldsymbol{c}-\boldsymbol{\alpha}$ とおき, 計算すると,

$$F(\boldsymbol{c}) - F(\boldsymbol{\alpha}) = F(\boldsymbol{\alpha}+\boldsymbol{z}) - F(\boldsymbol{\alpha})$$
$$= \frac{1}{2}[(A\boldsymbol{\alpha})\cdot\boldsymbol{\alpha} + (A\boldsymbol{\alpha})\cdot\boldsymbol{z} + \boldsymbol{\alpha}\cdot(A\boldsymbol{z}) + \boldsymbol{z}\cdot(A\boldsymbol{z})]$$
$$\quad - \boldsymbol{g}\cdot\boldsymbol{\alpha} - \boldsymbol{g}\cdot\boldsymbol{z} + r - F(\boldsymbol{\alpha})$$
$$= F(\boldsymbol{\alpha}) + (A\boldsymbol{\alpha}-\boldsymbol{g})\cdot\boldsymbol{z} + \frac{1}{2}(A\boldsymbol{z})\cdot\boldsymbol{z} - F(\boldsymbol{\alpha})$$

となる. ただし, $A$ の対称性$(a_{kj}=a_{jk})$により, $(A\boldsymbol{\alpha})\cdot\boldsymbol{z}=\boldsymbol{\alpha}\cdot(A\boldsymbol{z})$ が成り立つことを用いた. したがって, 停留条件 $A\boldsymbol{\alpha}=\boldsymbol{g}$ を使うと,

$$F(\boldsymbol{c}) - F(\boldsymbol{\alpha}) = \frac{1}{2}(A\boldsymbol{z})\cdot\boldsymbol{z} \tag{8.76}$$

となる.

ここで, $A$ が**正定値対称行列**, すなわち,

$$(Az) \cdot z > 0 \qquad (z \in \mathbb{R}^n,\ z \neq \mathbf{0}) \tag{8.77}$$

を満たす対称行列であることが示せることに注意しておく(→ 8.B 項). したがって, (8.76) により, $\alpha$ は,

$$F(\alpha) = F(c) - \frac{1}{2}(A(c-\alpha)) \cdot (c-\alpha) < F(c) \qquad (c \in \mathbb{R}^n,\ c \neq \alpha)$$

を満たすので, 確かに, $F(c)$ の一意的な最小値を実現する.

まとめると, リッツの方法では, (8.75)を満たす $c = \alpha = (\alpha_1, \alpha_2, \dots, \alpha_n)$ を用いて,

$$u_n = b + \alpha_1 \varphi_1 + \alpha_2 \varphi_2 + \cdots + \alpha_n \varphi_n$$

を $u$ の近似解とするのである.

次に, **ガレルキンの方法**では, 停留条件(8.68)を $K$ でなく $K_n$ で考え,

$$a(\hat{u}_n, v_n) = (f, v_n) \qquad (v_n \in K_n) \tag{8.78}$$

を満たす $\hat{u}_n \in V_n$ を $u$ の近似として採用するのであるが, 再度, $\hat{u}_n$ を(8.72) の形に書いて, (8.78)を書き下すと, (8.75)が出てくる. したがって, ガレルキン法でも, (8.75)を満たす $c = \alpha = (\alpha_1, \alpha_2, \dots, \alpha_n)$ を用いて,

$$\hat{u}_n = b + \alpha_1 \varphi_1 + \alpha_2 \varphi_2 + \cdots + \alpha_n \varphi_n$$

を $u$ の近似解とする. 明らかに,

$$\hat{u}_n = u_n$$

が成り立ち, ポアソン方程式のディリクレ境界値問題(8.65)に関しては, リッツ法とガレルキン法は同等である. その意味で, リッツ–ガレルキン法という.

なお, 停留条件(8.68)を, 考えている境界値問題(8.65)の**変分形式**(variational form), あるいは, **弱形式**(weak form)とよぶことがある.

200    8 変 分 法——出会いから応用へ

## （b）有限要素法．空間 1 次元の場合

リッツ-ガレルキン法により，ポアソン方程式のディリクレ境界値問題 (8.65) は，連立 1 次方程式 (8.75) に（近似的にではあるが）帰着された．あとは，1 次独立な関数 $\{\varphi_1, \varphi_2, \ldots, \varphi_n\}$ を具体的に定めれば，(8.75) を解いて $c = \alpha$ を求めることで，(8.69) の形の近似解が得られるわけである．

ここでは，そのための一つの方法である有限要素法を説明する．現在，コンピュータに関わる諸技術の発達に支えられ，コンピュータ・シミュレーションは，理工学に留まらず，経済学や生命科学にまで応用範囲を広げ，現代の科学技術における主要な解析方法の一つになっている．有限要素法は，様々な分野におけるコンピュータ・シミュレーションに応用されており，数ある偏微分方程式の数値解法の中でも，差分法と並んで，最も強力なものの一つである．有限要素法は，偏微分方程式の変分法的な解法に基礎を置いていることもあり，関数解析の理論でその正当性が保証されている．すなわち，有限要素法は，その応用範囲の広さと端正な数学理論により，応用解析学の華々しい成功例の代表といえる．

本節では，有限要素法になじんでもらう趣旨で，空間 1 変数の場合を扱うことにする．すなわち，正数 $l$ と与えられた関数 $f = f(x)$ に対して，境界値問題

$$-u'' = f \quad (0 < x < l), \qquad u(0) = u(l) = 0, \tag{8.79}$$

あるいは，同値な変分問題

$$J[v] = \frac{1}{2} \int_0^l (v')^2 \, dx - \int_0^l fv \, dx \text{ を } V \text{ で最小にする } u \text{ を求めよ}$$

に対するリッツ-ガレルキン法を考える．ただし，許容関数の空間 $V$ は，(8.21) で定められるものである（そこでは，$K$ と書いた）．

リッツ-ガレルキン法では，$V$ から $n$ 個の 1 次独立な関数 $\{\varphi_1, \ldots, \varphi_n\}$ を選び，

$$u_n = \alpha_1 \varphi_1 + \cdots + \alpha_n \varphi_n$$

の形で近似解を求めるのであった．係数 $\alpha = (\alpha_1, \ldots, \alpha_n)$ は，

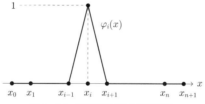

**図 8.10** 有限要素法の基底関数

$$A = (a_{ij})_{1 \leqq i,j \leqq n} = \left( \int_0^l \varphi_i'(x) \varphi_j'(x) \, dx \right)_{1 \leqq i,j \leqq n},$$

$$\boldsymbol{g} = (g_i)_{1 \leqq i \leqq n} = \left( \int_0^l f(x) \varphi_i(x) \, dx \right)_{1 \leqq i \leqq n}$$

に対する連立1次方程式

$$A\boldsymbol{\alpha} = \boldsymbol{g} \tag{8.75}$$

を解くことによって求められる.

ここまでの議論では,$\varphi_i$ は,$[0,l]$ 全体で $C^1$ 級であるとしていたが,有限要素法では,各 $\varphi_i$ を区分的に $C^1$ 級の関数として,次のように構成する.開区間 $(0,l)$ 内に,$n$ 個の点 $x_1, x_2, \ldots, x_n$ を配置して(等間隔である必要はない),さらに,$x_0 = 0$,$x_{n+1} = l$ とする.すなわち,

$$0 = x_0 < x_1 < x_2 < \cdots < x_n < x_{n+1} = l$$

である.そして,

$$h_i = x_i - x_{i-1} \qquad (i = 1, \ldots, n+1)$$

と定める.$1 \leqq i \leqq n$ に対して,関数 $\varphi_i(x)$ を,

$$\varphi_i(x) = \begin{cases} \dfrac{1}{h_i}(x - x_{i-1}) & (x_{i-1} < x \leqq x_i), \\ \dfrac{-1}{h_{i+1}}(x - x_{i+1}) & (x_i < x \leqq x_{i+1}), \\ 0 & (x_0 \leqq x \leqq x_{i-1},\ x_{i+1} < x \leqq x_{n+1}) \end{cases} \tag{8.80}$$

とするのである(図 8.10 を見よ).

このとき,

$$
a_{ij} = \int_0^l \varphi_i' \, \varphi_j' \, dx = \begin{cases} 1/h_i + 1/h_{i+1} & (j = i), \\ -1/h_i & (j = i-1), \\ -1/h_{i+1} & (j = i+1), \\ 0 & (\text{上記以外}) \end{cases} \quad (1 \leqq i \leqq n)
$$

と計算できるので,$k_i = 1/h_i$ とおくと,係数行列 $A$ は,

$$
A = \begin{pmatrix} k_1+k_2 & -k_2 & & & & \text{\Large 0} \\ -k_2 & k_2+k_3 & -k_3 & & & \\ & & \ddots & & & \\ & & -k_i & k_i+k_{i+1} & -k_{i+1} & \\ & & & & \ddots & \\ \text{\Large 0} & & & & -k_n & k_n+k_{n+1} \end{pmatrix}
$$

の形をした三重対角行列となる.一方で,$\boldsymbol{g}$ の各成分を計算するには,積分

$$
g_i = \int_0^l f(x)\varphi_i(x) \, dx = \int_{x_{i-1}}^{x_{i+1}} f(x)\varphi_i(x) \, dx
$$

の値を求める必要がある.このために,様々な数値積分公式が利用できるが,最も簡単には,$x_{i-1} \leqq x \leqq x_{i+1}$ における $f(x)$ の値を,定数 $f(x_i)$ で代用して,

$$
g_i \approx \int_{x_{i-1}}^{x_{i+1}} f(x_i)\varphi_i(x) \, dx = f(x_i)\frac{h_i + h_{i+1}}{2}
$$

とすればよい.

これで,係数行列 $A$ と右辺ベクトル $\boldsymbol{g}$ が具体的に求まったので,あとは連立 1 次方程式 (8.75) を解いて $\boldsymbol{c} = \boldsymbol{\alpha}$ を求めればよい.良い近似解を得るためには,なるべく多くの基底を使いたいので,係数行列 $A$ のサイズ $n$ は必然的に大きくなり,手計算で行うことは,事実上不可能である.したがって,コンピュータによる数値解法の利用が必須である.

# 問　題

**問 8.1**　$K = \{v \in C^1[0,1] \mid v(0) = v(1) = 0\}$ において汎関数

$$J[v] = \frac{1}{2} \int_0^1 v'(x)^2 \, dx - \int_0^1 (6x - 2)v(x) \, dx$$

を最小にする関数 $u(x)$ を求めよ.

**問 8.2**　問 8.1 と同じ汎関数 $J[v]$ を $K_1 = \{v \in C^1[0,1] \mid v(0) = 0\}$ で考える.

（1）　$K_1$ において $J[v]$ を停留にする関数 $u(x)$ を求めよ.

（2）　上で求めた $u(x)$ が, $J[v]$ を $K_1$ において最小にすることを確かめよ.

**問 8.3**　$K = \{v \in C^1[0,1] \mid v(0) = v(1) = 0\}$ において汎関数

$$J[v] = \int_0^1 \left[ \frac{1}{2} v'(x)^2 + 2v(x)^2 - v(x) \right] \, dx$$

を考える.

（1）　$K$ において $J[v]$ を停留にする関数 $u(x)$ の満たすオイラーの方程式を導け.

（2）　上で求めたオイラーの方程式を満たす $u(x)$ が, $J[v]$ を $K$ において最小にすることを確かめよ.

（3）　問 5.4 の結果を用いて, $u(x)$ をできるだけ具体的に表現せよ.

**問 8.4**　$K = \{v \in C^1[0,1] \mid v(0) = v(1) = 0\}$ において汎関数

$$J[v] = \int_0^1 \left[ \frac{1}{2} v'(x)^2 - 8v(x)^2 + v(x) \right] \, dx$$

を考える.

（1）　$K$ において $J[v]$ を停留にする関数 $u(x)$ の満たすオイラーの方程式が,

$$-u''(x) - 16u(x) + 1 = 0 \quad (0 < x < 1) \tag{8.81}$$

となることを導け.

（2）　$u(x) = \dfrac{1}{16} \left( 1 - \dfrac{\cos(4x - 2)}{\cos 2} \right)$ が微分方程式 (8.81) と境界条件 $u(0) = u(1) = 0$ を満たすことを確かめよ.

（3）　$J[u]$ の値を具体的に計算せよ. さらに, $\tilde{u} \equiv 0$ に対して, $J[\tilde{u}]$ を考えることで, 何が結論できるかを考察せよ.

204    8 変分法——出会いから応用へ

# ノート

## 8.A 変分法の基本補題の証明

変分法の基本補題(命題8.5)の証明を述べよう. 背理法で証明する. す
なわち, $g \not\equiv 0$ を仮定して矛盾を導く. このとき, $g(x_0) \neq 0$ を満たす $x_0 \in$
$[0,l]$ が存在する. $g(x)$ の連続性により, $x_0 \in (0,l)$ としてよい. そして,
$g(x_0) > 0$ の場合を考えれば十分である. $g(x)$ の連続性により, $\varepsilon$ を十分小
さくとれば, $x_0 - \varepsilon \leqq x \leqq x_0 + \varepsilon$ では, $g(x) > 0$ となる. 必要ならば $\varepsilon$ を十
分小さくとり直すと, $0 < x_0 - \varepsilon$ かつ $x_0 + \varepsilon < l$ とできることに注意せよ.
ここで, $\varphi \in K$ として, $x_0 - \varepsilon \leqq x \leqq x_0 + \varepsilon$ で恒等的に $0$ でなく, $\varphi(x) \geqq 0$
となるような関数を選ぶ. たとえば,

$$\varphi(x) = \begin{cases} (x - x_0 + \varepsilon)^2 (x - x_0 - \varepsilon)^2 & (x_0 - \varepsilon \leqq x \leqq x_0 + \varepsilon), \\ 0 & (\text{上記以外}) \end{cases}$$

はこの性質を満たす. このとき,

$$\int_0^l g(x)\varphi(x)\, dx = \int_{x_0 - \varepsilon}^{x_0 + \varepsilon} g(x)\varphi(x)\, dx > 0$$

となるが, これは命題の仮定(8.31)に矛盾する. したがって, $g \equiv 0$ である.

変分法の基本補題(命題8.5)は, $\varphi(x)$ を, $\varphi(0) = \varphi(l) = 0$ を満たす任意
の $C^\infty$ 関数としても成立する.

## 8.B 行列 $A$ の正定値性

(8.75)に現れる行列 $A$ が正定値対称行列であることを, 次のようにして
確かめることができる. 対称性については, 定義より明らか. 正定値性につ
いては, 任意の非零ベクトル $\boldsymbol{v} = (v_1, \ldots, v_n)$ に対して,

$$(A\boldsymbol{v}) \cdot \boldsymbol{v} > 0 \tag{8.82}$$

を示せばよい.

8.4節(a)で説明した, リッツ法における基底関数 $\varphi_1, \varphi_2, \ldots, \varphi_n$ を考え
る. 各 $\varphi_i$ は, $C^1(\overline{\Omega})$ に属する関数であり, 領域 $\Omega$ の境界 $\Gamma$ 上で $\varphi_i = 0$ を

満たすのであった. $v = v_1\varphi_1 + \cdots + v_n\varphi_n$ により関数 $v$ を定めると,

$$\iint_\Omega \nabla v \cdot \nabla v \, dxdy = \sum_{i=1}^n \sum_{j=1}^n v_i v_j \iint_\Omega \nabla \varphi_j \cdot \nabla \varphi_i \, dxdy = (A\boldsymbol{v}) \cdot \boldsymbol{v}$$

と計算できる. 最左辺の積分の被積分関数は非負なので, $(A\boldsymbol{v})\cdot\boldsymbol{v} \geqq 0$ がわかる. 次に, $(A\boldsymbol{v})\cdot\boldsymbol{v} = 0$ とすると, 上の式から, $\Omega$ 上で $\nabla v \cdot \nabla v = v_x^2 + v_y^2 = 0$ がわかる. すなわち, $v$ は, $x$ にも $y$ にも依存しない $C^1$ 級関数, すなわち, 定数関数である. 一方で, $v$ の定義により, $\Gamma$ 上では $v = 0$ となるので, $v$ は $\Omega$ 上で $v \equiv 0$ である. これは, $v_1 = \cdots = v_n = 0$ を意味している. したがって, $\boldsymbol{v} \neq \boldsymbol{0}$ ならば, $(A\boldsymbol{v})\cdot\boldsymbol{v} > 0$ となる. 以上により, (8.82)が示された.

### 8.C 有限要素法. 空間 2 次元の場合

有限要素法の説明に補足を加える. 今度は, 偏微分方程式を考える領域 $\Omega$ は $xy$ 平面内の多角形であるとして, ポアソン方程式のディリクレ境界値問題

$$-\Delta u = f \quad (\Omega\text{において}), \qquad u = 0 \quad (\Gamma\text{において}) \tag{8.83}$$

を考える. すなわち, (8.65)で, $\beta = 0$ とした問題を考えるわけである. このとき, (8.70)の $K_n$ と(8.71)の $V_n$ は一致する. すなわち, $V_n = K_n$ である. $V$ の代わりに,

$$\hat{V} = \{v \in C(\overline{\Omega}) \mid v = 0 \ (\Gamma \text{ において}), \ v \text{ は区分的 } C^1 \text{ 級}\}$$

を考えて, $\hat{V}$ から $n$ 個の 1 次独立な関数 $\{\hat{\varphi}_1, \ldots, \hat{\varphi}_n\}$ を選び, $V_n$ の代わりに,

$$\hat{V}_n = \{v_n = c_1\hat{\varphi}_1 + \cdots + c_n\hat{\varphi}_n \mid c_1, \ldots, c_n \in \mathbb{R}\}$$

に対してリッツ-ガレルキン法を考えるのは, 1 次元の場合と同じである.

有限要素法では, まず, $\Omega$ を次を満たすような三角形に分割する.

(1) 三角形は閉集合とし, 任意の 2 つの三角形が, 共有点をもつのは, 一頂点を共有するか, 一辺全体を共有するかのいずれかの場合のみで

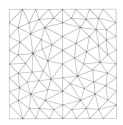
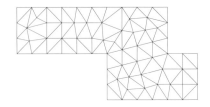

図 8.11 三角形分割の例

図 8.12 許容されない三角形の例

ある.

(2) 全ての三角形の和集合は $\Omega$ に境界 $\Gamma$ を付け加えた集合 $\overline{\Omega}$ に一致する.

例を図 8.11 にあげる. 一方で, 図 8.12 のような場合は禁止されている.

このような条件を満たす三角形の集合を $\Omega$ の**三角形分割**, 各三角形を**要素**, 三角形の頂点を**節点**とよぶ. 要素全体の集合を $\mathcal{T}$ と書く. また, 節点のうち $\Omega$ の内部に位置するものに番号を付け, $P_1, P_2, \ldots, P_n$ とする. さらに, $\Gamma$ に位置する節点にも番号を付け $P_{n+1}, P_{n+2}, \ldots, P_{n+N}$ とする. なお, 番号を付ける際に, $P_i$ と $P_{i+1}$ が隣接している必要はなく, 全く任意の順番でよい.

さて, 図 8.13 のような節点 $P_i$ を考えよう. すなわち, 要素 $T_1, \ldots, T_5$ が $P_i$ を頂点として共有している. $T_1$ の残りの頂点を $P_j$, $P_k$ とする. このとき, $P_i$ 上で 1, $P_j$ と $P_k$ 上で 0 をとる 1 次関数 $z = \eta_1(x, y)$, すなわち, $P_i$ などの座標を $(x_i, y_i)$ などとしたとき, 空間内の 3 点 $(x_i, y_i, 1)$, $(x_j, y_j, 0)$, $(x_k, y_k, 0)$ を通るような平面 $z = \eta_1(x, y)$ が一意的に存在する (図 8.14). 他の要素 $T_2, \ldots, T_5$ についても, 同様の関数 $\eta_2(x, y), \ldots, \eta_5(x, y)$ が存在する. これらの関数は, $P_i$ を含まない辺上では 0 である. また, たとえば,

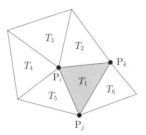

**図 8.13** 要素 $T_1, \ldots, T_5$ と節点 $P_i, P_j, P_k$

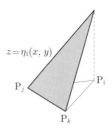

**図 8.14** 平面 $z = \eta_1(x, y)$

$T_1$ と $T_2$ の共通辺上では，$\eta_1(x, y)$ と $\eta_2(x, y)$ の値は一致する．
したがって，

$$\hat{\varphi}_i(x, y) = \begin{cases} \eta_1(x, y) & ((x, y) \in T_1), \\ \quad \vdots & \\ \eta_5(x, y) & ((x, y) \in T_5), \\ 0 & (\text{上記以外の } (x, y)) \end{cases}$$

と定義すると，これは連続関数である．さらに，任意の要素 $T \in \mathcal{T}$ 上で微分可能であるから，区分的に滑らかな関数でもある．他の節点 $P_j$ についても同様の関数 $\hat{\varphi}_j$ が存在する．この $\{\hat{\varphi}_1, \hat{\varphi}_2, \ldots, \hat{\varphi}_n\}$ を **1 次の基底関数**，あるいは，**P1 基底関数**とよぶ．このとき，$v = \hat{c}_1 \hat{\varphi}_1 + \hat{c}_2 \hat{\varphi}_2 + \cdots + \hat{c}_n \hat{\varphi}_n \in V_n$ に対して，

$$\hat{c}_i = v(x_i, y_i) \quad (1 \leqq i \leqq n)$$

が成り立つ．

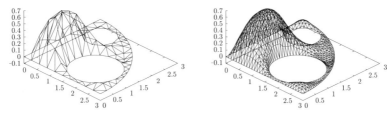

**図 8.15** 有限要素法によるポアソン方程式の境界値問題 (8.83) の計算例．$\Omega$ は円板の $1/4$ から 2 つの円板をくり抜いたものであり，$f = e^{-xy}$ としている．左は要素数 140，節点数 104，右は要素数 2036，節点数 1157 である．

8.4 節で考察したように，求めるべき近似解は，

$$u_n = c_1 \hat{\varphi}_1 + c_2 \hat{\varphi}_2 + \cdots + c_n \hat{\varphi}_n$$

であり，係数 $c_1, c_2, \ldots, c_n$ は，連立 1 次方程式 (8.75) を解いて求められる．このように，構成した $\hat{\varphi}_1, \ldots, \hat{\varphi}_n$ について，係数行列 $A$ や右辺ベクトル $\boldsymbol{g}$ を機械的に計算することは，（コンピュータを用いれば）難しくない．

一つの計算例を図 8.15 にあげる．

# 9
# 超 関 数
## ——出会いから応用へ

いろいろな現象を解析するとき，関数を用いて変化する量を表し，微分や積分の計算を行って求める結果を導く．この目的のためには，関数の範囲をふつうより広げて解釈し，計算が自由に行い得るように，あるいは，結果が歯切れよく表現できるように工夫すると，より応用の範囲が広がる．超関数はそのような関数概念の拡張の一つである．超関数の典型例であるデルタ関数 $\delta(x)$ は，超関数の数学的な理論が整う前から，物理学者や電気工学者によって愛用されていた．本章での超関数との出会いもデルタ関数からはじめよう．

## 9.1 デルタ関数

超関数の解説に先立ってデルタ関数を紹介しよう．

### (a) 一点に集中する分布
$x$ 軸上に密度 $\rho = \rho(x)$ で分布している質量を考える(図 9.1 を見よ)．ただし全質量は 1 である．したがって，

$$\rho(x) \geqq 0 \quad (-\infty < x < \infty), \qquad \int_{-\infty}^{\infty} \rho(x)\, dx = 1 \tag{9.1}$$

である．

なお，簡単のために，ある正数 $L$ に対して，

210  9 超関数——出会いから応用へ

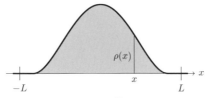

**図 9.1** 関数 $\rho(x)$

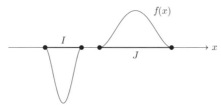

**図 9.2** 関数 $f(x)$ の台は $I$ と $J$ を合わせたものである．すなわち，$\mathrm{supp}\, f = I \cup J$．

$$\rho(x) = 0 \qquad (|x| \geqq L) \tag{9.2}$$

が成り立っていることを仮定する．

ついでながら，任意の連続関数 $f = f(x)$ に対して，

"$f(x) \neq 0$ であるような $x$ の集合に，その境界点を付け加えたもの"

を $f$ の**台**(support)といい，$\mathrm{supp}\, f$ で表す（図 9.2 を見よ）．また，$\mathrm{supp}\, f$ が有界区間に含まれるとき，***f* は有界な台をもつ**という．この用語を用いると，上の関数 $\rho$ は有界な台をもつ．

さて，$n$ を正の整数とし，

$$\rho_n(x) = n\rho(nx) \qquad (-\infty < x < \infty) \tag{9.3}$$

と定義すると，これによる分布は，関数 $\rho$ の高さを $n$ 倍に，横の広がりを $\dfrac{1}{n}$ 倍にしたものである（図 9.3 を見よ）．特に，$|x| \geqq \dfrac{L}{n}$ ならば，$\rho_n(x) = 0$ である．そして，

$$\int_{-\infty}^{\infty} \rho_n(x)\, dx = 1 \tag{9.4}$$

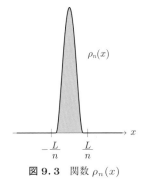

**図 9.3** 関数 $\rho_n(x)$

が成り立つ.すなわち,$\rho_n$ の全質量も 1 である.このことは,

$$\int_{-\infty}^{\infty} \rho_n(x)\,dx = \int_{-\frac{L}{n}}^{\frac{L}{n}} n\rho(nx)\,dx$$
$$= \int_{-L}^{L} n\rho(y)\frac{1}{n}\,dy \quad (nx = y\ \text{と変数変換})$$
$$= \int_{-\infty}^{\infty} \rho(y)\,dy = 1$$

により確かめられる.

$n \to \infty$ のときの,$\rho_n$ の極限を考えると,これは,全質量 1 が原点に集中した状況を表すはずである.したがって,$n \to \infty$ のときの $\rho_n(x)$ の極限を $\delta(x)$ と書くことにすれば,

$$\delta(0) = \infty, \quad \delta(x) = 0 \quad (x \neq 0), \tag{9.5}$$

$$\int_{-\infty}^{\infty} \delta(x)\,dx = 1 \tag{9.6}$$

である.(9.5), (9.6) を満たす "関数" $\delta(x)$ をディラック[*1]の**デルタ関数**とよぶ.

デルタ関数は,冒頭に記したように,応用家によって古くから用いられてきたのであるが,ふつうに積分が考えられるような関数の範囲の中には,(9.5), (9.6) を満たすものは存在しない.

実際,密度 $\rho_n(x)$ の分布の極限が,一点 $x=0$ に全質量が集中した分布であ

---

[*1] Paul Adrien Maurice Dirac 1902-1984.

212　9　超 関 数——出会いから応用へ

ることは明快なのであるが，このような分布はふつうの密度関数で表現できないのに，それをあえて表現したものが $\delta(x)$ であるともいえる．

デルタ関数の数学としての正当な意味付けは後に紹介するが，しばらくは，$\rho_n(x)$ の上に述べたような極限としてのイメージを描いておくことにしよう．

### （b）加重平均とデルタ関数

上で考えた質量分布 $\rho$ あるいは $\rho_n$ は，全質量が 1 であるから，それぞれ，ある加重平均の重みとみなすことができる．

たとえば，$f = f(x)$ を連続関数とするとき，$\rho_n$ を重みとした $f$ の（関数値の）平均 $m(f; \rho_n)$ は，

$$m(f; \rho_n) = \int_{-\infty}^{\infty} f(x)\rho_n(x)\, dx \tag{9.7}$$

で与えられる．

$n \to \infty$ としたときには，分布が $x = 0$ の一点に集中するのであるから，その重みでの平均は当然 $x = 0$ での $f$ の値 $f(0)$ になる．すなわち，

$$\lim_{n \to \infty} \int_{-\infty}^{\infty} f(x)\rho_n(x)\, dx = f(0) \tag{9.8}$$

であることが期待される．これは，次に記すように計算でも容易に示すことができる．実際，

$$\int_{-\infty}^{\infty} f(x)\rho_n(x)\, dx = \int_{-\infty}^{\infty} f(x)n\rho(nx)\, dx$$
$$= \int_{-\infty}^{\infty} f\left(\frac{y}{n}\right)\rho(y)\, dy = \int_{-L}^{L} f\left(\frac{y}{n}\right)\rho(y)\, dy$$

である．ここで $n \to \infty$ とすれば，$f$ の連続性により積分区間 $[-L, L]$ 上で一様に

$$f\left(\frac{y}{n}\right) \to f(0) \qquad (n \to \infty) \tag{9.9}$$

であるから，

$$\lim_{n\to\infty} \int_{-L}^{L} f\left(\frac{y}{n}\right) \rho(y) \, dy = \int_{-L}^{L} f(0)\rho(y) \, dy$$

$$= f(0) \int_{-\infty}^{\infty} \rho(y) \, dy = f(0) \tag{9.10}$$

と計算できる. すなわち, (9.8)が示された(なお, この極限値の計算については9.A項で補足的な説明を述べている).

まだ記号の上の対応のみであり正確な定義を述べてはいないが, この段階で, $\rho_n(x)$ の極限が $\delta(x)$ であることを用いると, (9.8)は

$$\int_{-\infty}^{\infty} f(x)\delta(x) \, dx = f(0) \tag{9.11}$$

と表現できる.

(9.11)が, 数直線上の任意の連続関数 $f(x)$ に対して成り立つことが, デルタ関数の本質である. 応用上での使われ方も(9.11)に従うものであり, 理論的な基礎付けも(9.11)から出発するのである.

ここで, デルタ収束列という概念を導入しておこう.

上の $\rho_n$ のように, 連続関数 $f(x)$ に対して

$$\lim_{n\to\infty} \int_{-\infty}^{\infty} g_n(x)f(x) \, dx = f(0) \tag{9.12}$$

を満足する関数列 $\{g_n\}$ を**デルタ収束列**という. また, このとき, $g_n(x)$ はデルタ関数 $\delta(x)$ に収束するといい, 記号で

$$\lim_{n\to\infty} g_n(x) = \delta(x) \tag{9.13}$$

と書く.

もちろん, 上の $\rho_n(x)$ はデルタ収束列であり,

$$\lim_{n\to\infty} \rho_n(x) = \delta(x)$$

である. その他の例をあげておこう.

**例 9.1** $\eta = \eta(x)$ を台が有界な, かつ $\displaystyle\int_{-\infty}^{\infty} \eta(x) \, dx \neq 0$ であるような連続関数とし

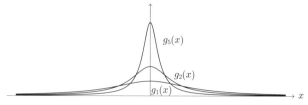

**図 9.4** 例 9.2 のデルタ収束列 $g_n(x)$

$$g(x) = \frac{\eta(x)}{\int_{-\infty}^{\infty} \eta(x)\, dx}$$

とおくと，$g(x)$ は $\eta(x)$ と同じ台をもち，かつ，

$$\int_{-\infty}^{\infty} g(x)\, dx = 1 \tag{9.14}$$

を満足する．このとき，

$$g_n(x) = ng(nx) \qquad (-\infty < x < \infty) \tag{9.15}$$

とおけば，関数列 $\{g_n\}$ はデルタ収束列であり，(9.12)が成り立つ．この $g_n(x)$ の構成法は $\rho_n(x)$ と同じであるが，今度は加重平均の重みというわけではないので，$g_n(x) \geqq 0$ といった性質は要請しない． □

**例 9.2** 関数 $\eta(x) = \dfrac{1}{1+x^2}$ に対して，

$$g_n(x) = \frac{1}{\pi} n\eta(nx) = \frac{1}{\pi}\frac{n}{1+n^2x^2}$$

とおく（図 9.4）．このとき，微積分において既習の公式により，

$$\int_{-\infty}^{\infty} \frac{dx}{1+x^2} = \left[\tan^{-1} x\right]_{x=-\infty}^{x=\infty} = \pi$$

と計算できるから，

$$\int_{-\infty}^{\infty} g_n(x)\, dx = 1$$

である．$g_n(x)$ の台は有界ではないが，たとえば，遠方で有界な，任意の連続関数に対して(9.12)を示すことができる．すなわち

$$\frac{1}{\pi}\frac{n}{1+n^2x^2} \to \delta(x) \qquad (n \to \infty) \tag{9.16}$$

である.　　　　　　　　　　　　　　　　　　　　　　　　　　　□

　実は，デルタ収束列の特徴付けである(9.12)において，$f$ を遠方で十分に速く減衰する連続関数や，7.3節で説明した急減少関数に制限してもさしつかえない．あるいは，有界な台をもつ十分滑らかな関数に制限してもよい．すなわち，このような $f$ に対して，(9.12)を成立させるような $\{g_n\}$ もデルタ収束列というのである．

**例 9.3**　関数

$$\eta(x) = \begin{cases} 0 & (x < 0), \\ e^{-x} & (x \geqq 0) \end{cases}$$

を用いて

$$g_n(x) = n\eta(nx)$$

とおけば，$\{g_n\}$ はデルタ収束列になる．$g_n(x)$ は不連続であり，非対称であるが，(9.12)が，次のようにして得られる．すなわち，

$$\begin{aligned} \int_{-\infty}^{\infty} f(x)g_n(x)\,dx &= \int_{-\infty}^{\infty} f\left(\frac{y}{n}\right)\eta(y)\,dy \\ &= \int_{0}^{\infty} f\left(\frac{y}{n}\right)e^{-y}\,dy \\ &\to \int_{0}^{\infty} f(0)e^{-y}\,dy = f(0) \qquad (n \to \infty) \end{aligned}$$

となる．　　　　　　　　　　　　　　　　　　　　　　　　　　　□

**例 9.4**　$\lambda$ を正数として，

$$g_\lambda(x) = \frac{1}{2\pi}\int_{-\lambda}^{\lambda} e^{-ixy}\,dy \qquad (i = \sqrt{-1})$$

とおく．このときは，連続な極限変数 $\lambda$ について，$\displaystyle\lim_{\lambda \to +\infty} g_\lambda(x)$ を考えることになる．

216　9　超 関 数——出会いから応用へ

いま，$f$ を急減少関数($\to$ 7.3節)として，そのフーリエ変換を $\hat{f}$ で表そう．そうすると，フーリエ変換の反転公式により

$$f(z) = \frac{1}{\sqrt{2\pi}} \int_{-\infty}^{\infty} e^{izy} \hat{f}(y) \, dy$$

である．特に $z = 0$ とおけば，

$$f(0) = \frac{1}{\sqrt{2\pi}} \int_{-\infty}^{\infty} \hat{f}(y) \, dy = \frac{1}{\sqrt{2\pi}} \lim_{\lambda \to \infty} \int_{-\lambda}^{\lambda} \hat{f}(y) \, dy \tag{9.17}$$

が得られる．ところが

$$\begin{aligned}
\frac{1}{\sqrt{2\pi}} \int_{-\lambda}^{\lambda} \hat{f}(y) \, dy &= \frac{1}{2\pi} \int_{-\lambda}^{\lambda} \left[ \int_{-\infty}^{\infty} e^{-iyx} f(x) \, dx \right] dy \\
&= \frac{1}{2\pi} \int_{-\infty}^{\infty} \left[ \int_{-\lambda}^{\lambda} e^{-iyx} \, dy \right] f(x) \, dx \\
&= \int_{-\infty}^{\infty} f(x) g_\lambda(x) \, dx
\end{aligned}$$

となるから，したがって，(9.17)により，

$$\lim_{\lambda \to \infty} \int_{-\infty}^{\infty} f(x) g_\lambda(x) \, dx = f(0)$$

が成り立つ．言い換えれば，

$$\lim_{\lambda \to \infty} \frac{1}{2\pi} \int_{-\lambda}^{\lambda} e^{-ixy} \, dy = \delta(x) \tag{9.18}$$

である．これは，

$$\frac{1}{2\pi} \int_{-\infty}^{\infty} e^{-ixy} \, dy = \delta(x)$$

と表記することができる．さらに，

$$\int_{-\lambda}^{\lambda} e^{-ixy} \, dy = \left[ \frac{e^{-ixy}}{-ix} \right]_{y=-\lambda}^{y=\lambda} = \frac{e^{-i\lambda x} - e^{i\lambda x}}{-ix} = 2\frac{\sin \lambda x}{x}$$

であるから，(9.18)を

$$\lim_{\lambda \to \infty} \frac{1}{\pi} \frac{\sin \lambda x}{x} = \delta(x) \tag{9.19}$$

と書くこともできる．　　　　　　　　　　　　　　　　　　　　　　　□

さて，$g_n(x)$ がデルタ収束列であるとき，$a$ を与えられた定数として

$$h_n(x) = g_n(x-a)$$

で定められる関数列 $h_n$ を考えよう．そうすると，$f$ を遠方で十分速く $0$ になる任意の連続関数とすれば，

$$\int_{-\infty}^{\infty} h_n(x)f(x)\ dx = \int_{-\infty}^{\infty} g_n(x-a)f(x)\ dx$$
$$= \int_{-\infty}^{\infty} g_n(y)f(y+a)\ dy \qquad (x-a=y)$$

であるから，$n \to \infty$ の極限では，

$$\int_{-\infty}^{\infty} h_n(x)f(x)\ dx \to f(a)$$

となる．このとき

$$\lim_{n\to\infty} h_n(x) = \delta(x-a)$$

と書き，$h_n$ は点 $a$ に特異点をもつデルタ関数 $\delta(x-a)$ への収束列であるという．もともと $\delta(x-a)$ の特性は

$$\int_{-\infty}^{\infty} \delta(x-a)f(x)\ dx = f(a)$$

にあるので，上の状況は

$$\lim_{n\to\infty} \int_{-\infty}^{\infty} h_n(x)f(x)\ dx = \int_{-\infty}^{\infty} \delta(x-a)f(x)\ dx$$

とも表される．

## 9.2 不連続関数の導関数

前節で学んだデルタ関数とのなじみを活かしながら，超関数の一般論へ向けて理解を進める準備として，不連続関数の導関数，特にグラフが階段状の跳びをもっているような関数の導関数を考察しよう．

このような関数の導関数と関係が深い物理的な現象は，撃力，すなわち，

瞬間に集中して働く外力のもとでの質点の運動である. 力学のイメージを用いての以下の説明は, 力学を学んでいる読者, あるいは, 少なくともニュートンの力学の法則を理解している読者には, 実感をもって受けとめられるものと期待しているが, 力学がどうにも苦手であるという読者は, "(9.22)で定義される不連続関数の導関数が, (9.31)で与えられる" という主張を, 動機付けの事実として "聞いておき", 体系的な説明が始まる「(b)超関数的導関数」へ跳ばれるのがよい.

## (a) 運動量の変化と撃力

$x$ 軸上を動く質量 $m$ の質点 P の運動を考えよう.

この質点には, 時間 $t$ に依存する外力 $f(t)$ が $x$ 軸方向に働いているものとする. このとき, 質点の速度を $v = v(t)$ とすれば, ニュートンの力学の法則により $m\dfrac{dv}{dt} = f$ である. すなわち, 質点 P の運動量

$$M = mv$$

を導入すれば,

$$\frac{dM}{dt} = f \tag{9.20}$$

である.

いま, 定数 $t_0$ を固定し, $t_0 < t$ を満たす任意の時刻 $t$ について考えると, (9.20)から, 微分積分学の基本定理を用いて,

$$M(t) - M(t_0) = \int_{t_0}^{t} f(s)\, ds \tag{9.21}$$

が成り立つことがわかる. すなわち, 異なる時刻における運動量の差は, その時間の区間において働いた外力の時間積分(これを力積という)に等しいことがわかる.

さて, 質点 P の次のような運動を想定しよう(ただし $V > 0$ とする).

- $t < 0$ では P は静止していたが,
- $t = 0$ において, P は急に動き出し,
- $t > 0$ では一定速度 $V$ を保つ.

ここで，ヘヴィサイド関数[*2]とよばれる関数 $Y = Y(t)$ を

$$Y(t) = \begin{cases} 1 & (t > 0), \\ 0 & (t < 0) \end{cases} \tag{9.22}$$

により導入する.

この関数 $Y = Y(t)$ を用いると，質点 P の速度 $v$ および運動量 $M$ は

$$v(t) = VY(t), \qquad M(t) = mVY(t) \tag{9.23}$$

と表される. ところで，問題は，このような運動が引き起こされるのは外力 $f = f(t)$ がどんなときかである. 実は，その答えは

$$f(t) = mV\delta(t) \tag{9.24}$$

で与えられる. 以下，このことを，(9.21)に基づいて導いてみよう. まず，(9.21)において，$t_0 = -\infty$ にとり，(9.23)を考慮すると，

$$mVY(t) = \int_{-\infty}^{t} f(s)\,ds$$

となる. すなわち，

$$\frac{1}{mV} \int_{-\infty}^{t} f(s)\,ds = Y(t) \tag{9.25}$$

が成り立つような $f = f(t)$ を探せばよい. 念のために

$$g(t) = \frac{f(t)}{mV}, \qquad G(t) = \int_{-\infty}^{t} g(s)\,ds \tag{9.26}$$

とおけば，(9.25)から，$Y = Y(t)$ が定数である範囲では $G'(t) = g(t) = 0$ であること，および，$G(\infty) = 1$ であることがわかる. すなわち，

$$g(t) = 0 \quad (t \neq 0), \qquad \int_{-\infty}^{\infty} g(s)\,ds = 1 \tag{9.27}$$

である. これとデルタ関数の素朴な特徴付け(9.5)，(9.6)を比較すれば，$g(t) = \delta(t)$ であること，すなわち，(9.24)が成り立つことが納得できるであろう.

---

[*2] Oliver Heaviside 1850-1925.

220　9　超関数——出会いから応用へ

(9.25)から(9.24)を導くにあたり，デルタ関数のもっと良い(後出の理論との整合性が良い)特徴付けを利用して説明することも可能である．すなわち，(9.11)によれば，$\delta(x)$ とは

$$\int_{-\infty}^{\infty} \delta(s)\phi(s)\ ds = \phi(0) \tag{9.28}$$

で特徴付けられるような "関数" であった．ここで，$\phi$ は，もともとの(9.11)では任意の連続関数としていたが，

$$\phi = \phi(x)\ \text{は十分に滑らかで有界な台}\ \text{supp}\,\phi\ \text{をもつ} \tag{9.29}$$

であるような任意の関数としてもよい．そうすると，上の $G$ と $\phi$ との組に対して，部分積分の公式

$$\int_{-\infty}^{\infty} G'(s)\phi(s)\ ds = -\int_{-\infty}^{\infty} G(s)\phi'(s)\ ds \tag{9.30}$$

が成り立つ．すると，$G' = g$ と(9.25)から得られる

$$(9.30)\text{の左辺} = \int_{-\infty}^{\infty} g(s)\phi(s)\ ds,$$

$$(9.30)\text{の右辺} = -\int_{0}^{\infty} \phi'(s)\ ds = \phi(0)$$

によって，直ちに(9.28)が導かれるのである．

さて，(9.23)，(9.24)をニュートンの力学の法則(9.20)に代入すると

$$\frac{d}{dt} mVY = mV\delta$$

となる．$mV$ は正の定数であるから，この等式からヘヴィサイド関数とデルタ関数についての公式

$$Y' = \delta \tag{9.31}$$

が得られる．すなわち，デルタ関数は階段関数 $Y$ の導関数なのである．

## (b) 超関数的導関数

変数を $x$ に戻そう．上の(9.31)を導くときには，2 つの関数 $u = u(x)$，$v =$

$v(x)$ について，$v$ が $u$ の導関数であること，すなわち

$$u' = v \tag{9.32}$$

が成り立つことを，任意性のある "補助関数" $\phi$ の助けを借りて，

$$-\int_{-\infty}^{\infty} u(x)\phi'(x)\ dx = \int_{-\infty}^{\infty} v(x)\phi(x)\ dx \qquad (\phi \in C_0^{\infty}(\mathbb{R})) \tag{9.33}$$

と言い換えている．ここで，$C_0^{\infty}(\mathbb{R})$ は，(9.29)を満たすような関数の集合，すなわち，

$$C_0^{\infty}(\mathbb{R}) = \{\phi \in C^{\infty}(\mathbb{R}) \mid \operatorname{supp} \phi \subset (-L, L)\ を満たす正数\ L\ が存在する\ \}$$
$$\tag{9.34}$$

としている（$L$ は各 $\phi$ に応じて定まるものである）．実際，$\phi \in C_0^{\infty}(\mathbb{R})$ とすると，$\operatorname{supp} \phi \subset (-L, L)$ を満たす $L > 0$ がとれるが，$|x| \geqq L$ では，$\phi(x) = 0$，$\phi'(x) = 0$ なので，部分積分の公式により，

$$\begin{aligned}
\int_{-\infty}^{\infty} u'(x)\phi(x)\ dx &= \int_{-L}^{L} u'(x)\phi(x)\ dx \\
&= [u(x)\phi(x)]_{x=-L}^{x=L} - \int_{-L}^{L} u(x)\phi'(x)\ dx \\
&= -\int_{-\infty}^{\infty} u(x)\phi'(x)\ dx
\end{aligned} \tag{9.35}$$

であるから，(9.33)が得られる．

　一般に，2 つの関数 $u$, $v$ に対して，(9.33)が任意の $\phi \in C_0^{\infty}(\mathbb{R})$ に対して成り立つならば，$v$ を $u$ の**超関数的導関数**と定義するのである（実は，超関数を導入した後では，これは超関数の導関数の定義そのものである）．記法としては，このとき

$$\frac{d}{dx}u = v \qquad （超関数微分） \tag{9.36}$$

と書く．あるいは，誤解のおそれがなければ，単に

$$\frac{d}{dx}u = v \quad とか \quad u' = v \tag{9.37}$$

と書いてもよい．

222　9　超 関 数——出会いから応用へ

(9.33)における $\phi$ は，(9.36)が成り立つかどうかをテストするために用いられる関数であるので，**テスト関数**あるいは**試験関数**とよばれる.

例 9.5　$v$ が $u$ のふつうの意味での導関数であり，かつ，連続ならば，もちろん(9.33)は成り立つ. したがって，ふつうの意味での導関数が連続になるときは，それは超関数的導関数でもある. 　　　　　　　　□

例 9.6　関数

$$u(x) = |x|$$

の超関数的導関数 $u' = v$ を求めよう. すなわち，$\phi$ を任意のテスト関数として

$$-\int_{-\infty}^{\infty} |x| \phi'(x)\, dx = \int_{-\infty}^{\infty} v(x) \phi(x)\, dx \tag{9.38}$$

が成り立つような $v$ を求めるのである. (9.38)の左辺を，部分積分法を用いて計算すると，

$$\int_{-\infty}^{0} x \phi'(x)\, dx - \int_{0}^{\infty} x \phi'(x)\, dx$$
$$= [x\phi(x)]_{-\infty}^{0} - \int_{-\infty}^{0} \phi(x)\, dx - [x\phi(x)]_{0}^{\infty} + \int_{0}^{\infty} \phi(x)\, dx$$
$$= \int_{-\infty}^{0} (-1) \cdot \phi(x)\, dx + \int_{0}^{\infty} 1 \cdot \phi(x)\, dx$$
$$= \int_{-\infty}^{\infty} \mathrm{sgn}(x) \phi(x)\, dx$$

となる. なお，正確には(9.35)の計算のように，積分をいったん有界な区間 $-L \leqq x \leqq L$ に帰着させてから計算を進めるべきであるが，煩雑になるのでこのように書く. 以下の例でも同じである. ただし，$\mathrm{sgn}(x)$ は

$$\mathrm{sgn}(x) = \begin{cases} 1 & (x > 0), \\ 0 & (x = 0), \\ -1 & (x < 0) \end{cases} \tag{9.39}$$

で定義される符号関数である.

　こうして

$$\frac{d}{dx}|x| = \mathrm{sgn}(x) \qquad \text{(超関数微分)} \tag{9.40}$$

が成り立つことが示された.

もともとの(9.33)から明らかなように,与えられた関数 $u$ の超関数的導関数 $v$ の値を,(9.33)の右辺の積分に影響が出ない程度に変更しても,$u$ の超関数的導関数であることに変わりはない.たとえば,(9.39)の $\mathrm{sgn}(x)$ の代わりに

$$\mathrm{sgn}(x) = \begin{cases} 1 & (x \geqq 0), \\ -1 & (x < 0) \end{cases}$$

と定義しても(9.40)はそのまま成り立つ. □

例 9.7 関数

$$u(x) = e^{-|x|}$$

に対し,超関数的導関数 $u'$,および,超関数的2階導関数 $u'' = (u')'$ を計算すると,

$$u'(x) = -\mathrm{sgn}(x) \cdot e^{-|x|}, \tag{9.41}$$

$$u''(x) = -2\delta(x) + e^{-|x|} \tag{9.42}$$

となる(→ 問 9.1).なお,(9.42)は,$u(x) = e^{-|x|}$ が

$$-\frac{d^2 u}{dx^2} + u = 2\delta \tag{9.43}$$

という微分方程式を,超関数微分の意味で満たすことを意味している. □

## 9.3 超関数の定義と例

これまでの2節で "超関数" 的な扱いのウォーミングアップを行ってきた.本格的に,超関数の定義に入ろう.ここでは,$\mathbb{R}$ 上の超関数であり,かつ,$C_0^\infty(\mathbb{R})$ をテスト関数のクラスとするものについて述べる.

224  9  超関数——出会いから応用へ

その前に超関数論の慣例に従って,

$$\mathcal{D}(\mathbb{R}) = C_0^\infty(\mathbb{R}) \tag{9.44}$$

とおく．そして，次の定義を述べる．

---

**定義9.8**($\mathcal{D}(\mathbb{R})$ における関数列の収束)  $\mathcal{D}(\mathbb{R})$ の関数列 $\{\phi_n\}$ が，$n \to \infty$ のとき，**$\mathcal{D}(\mathbb{R})$ において $\phi_0 \in \mathcal{D}(\mathbb{R})$ に(テスト関数として)収束する**とは，次の 2 つが成り立つときである：

(1)  $\operatorname{supp} \phi_n \subset (-L, L)$ $(n = 0, 1, 2, \ldots)$ を満たす($n$ に依存しない)正数 $L$ が存在する．

(2)  任意の整数 $k \geqq 0$ に対して，

$$\max_{|x| \leqq L} |\phi_n^{(k)}(x) - \phi_0^{(k)}(x)| \to 0 \qquad (n \to \infty) \tag{9.45}$$

が成り立つ．

このことを，"$\mathcal{D}(\mathbb{R})$ において $\phi_n \to \phi_0$" と表現する．

---

第 8 章で扱ったように，汎関数とは

$$J: \ V = \text{関数の集合} \longrightarrow \mathbb{R}$$

であるような写像であった．汎関数のうち，定義域 $V$ に属する任意の $\phi, \psi$ と，任意の実数 $\alpha$ に対して，

$$J[\phi + \psi] = J[\phi] + J[\psi], \quad J[\alpha\phi] = \alpha J[\phi]$$

を満たすものを**線形汎関数**という．

以上の準備を経て，いよいよ超関数の定義を述べることができる．

---

**定義9.9**(超関数)  $u$ が**超関数**であるとは，次の(i), (ii)が成り立つことである．

(i)  $u$ は $\mathcal{D}(\mathbb{R})$ を定義域(テスト関数)とする線形汎関数である．

(ii)  $\mathcal{D}(\mathbb{R})$ のテスト関数の列 $\{\phi_n\}$ と $\phi_0 \in \mathcal{D}(\mathbb{R})$ が，$\mathcal{D}(\mathbb{R})$ において $\phi_n \to \phi_0$ を満たすとき，

$$u[\phi_n] \to u[\phi_0]$$

が成り立つ.

$\mathcal{D}(\mathbb{R})$ を定義域とする線形汎関数 $u$ が, **$\mathcal{D}(\mathbb{R})$ 上で連続**であるとは, $\mathcal{D}(\mathbb{R})$ の関数列 $\{\phi_n\}$ が, $\mathcal{D}(\mathbb{R})$ において $\phi_n \to \phi_0$ のとき,

$$u[\phi_n] \to u[\phi_0]$$

となることをいう. この用語を用いれば, 定義 9.9 における (ii) は,

(ii′)  $u$ は $\mathcal{D}(\mathbb{R})$ 上で連続である

としても同じである.

定義 9.9 で定められる超関数を, **$\mathcal{D}(\mathbb{R})$ 上で定義された超関数**とよび, その全体の集合を $\mathcal{D}'(\mathbb{R})$ で表す.

次に, 超関数の例を具体的に見ていく.

**例 9.10**  任意の $\phi \in \mathcal{D}(\mathbb{R})$ に対して

$$u[\phi] = \int_0^1 \phi(x)\ dx \tag{9.46}$$

とおけば, $u$ は $\mathcal{D}(\mathbb{R})$ を定義域とする線形汎関数である. また, テスト関数 $\{\phi_n\}$ が, $\mathcal{D}(\mathbb{R})$ において $\phi_n \to \phi_0$ のとき, $u[\phi_n] \to u[\phi_0]$ となることも簡単に確かめられる. したがって, (9.46) の $u$ は超関数である.　　　　□

**例 9.11**  任意の $\phi \in \mathcal{D}(\mathbb{R})$ に対して

$$u[\phi] = \int_{-\infty}^{\infty} x^2 \phi(x)\ dx \tag{9.47}$$

とおくと, $u$ は超関数である. 実際, $u$ の線形性は明らかであるし, テスト関数 $\{\phi_n\}$ が, $\mathcal{D}(\mathbb{R})$ において $\phi_n \to \phi_0$ となるときは,

$$\int_{-\infty}^{\infty} x^2 \phi_n(x)\ dx \to \int_{-\infty}^{\infty} x^2 \phi_0(x)\ dx \tag{9.48}$$

となることを示すのはそれほど厄介ではない.　　　　□

226　9　超 関 数──出会いから応用へ

例 9.11 の超関数と同様にして，区分的に連続な関数の定める超関数が次のように定義される．

**定義 9.12**　$f(x)$ を区分的に連続な関数とする．このとき，**関数 $f$ の定める超関数 $u_f$ とは**，

$$u_f[\phi] = \int_{-\infty}^{\infty} f(x)\phi(x)\,dx \quad (\phi \in \mathcal{D}(\mathbb{R})) \tag{9.49}$$

によって定義される超関数である．

例 9.11 の超関数が $f(x) = x^2$ の定める超関数であることは明らかであろう．また，例 9.10 の超関数は関数

$$f(x) = \begin{cases} 1 & (0 \leqq x \leqq 1), \\ 0 & (x < 0,\ 1 < x) \end{cases}$$

の定める超関数である．

同様に，ヘヴィサイド関数 $Y$ の定める超関数 $u_Y$ の $\phi$ における値は

$$u_Y[\phi] = \int_{-\infty}^{\infty} Y(x)\phi(x)\,dx = \int_{0}^{\infty} \phi(x)\,dx \tag{9.50}$$

である．

**記法 $\langle u, \phi \rangle$**：超関数 $u$ のテスト関数 $\phi$ における値 $u[\phi]$ を $\langle u, \phi \rangle$ と書く．この書き方に従えば，関数 $f$ の定める超関数 $u_f$ に対しては

$$\langle u_f, \phi \rangle = \int_{-\infty}^{\infty} f(x)\phi(x)\,dx \tag{9.51}$$

がその定義である．

さらに，超関数として扱っていることを了解しているときには，$u_f$ の代わりに記号 $f$ 自身を用いる．その場合は

$$\langle f, \phi \rangle = \int_{-\infty}^{\infty} f(x)\phi(x)\,dx \quad (\phi \in \mathcal{D}(\mathbb{R}))$$

である．たとえば (9.50) の代わりに

$$\langle Y, \phi \rangle = \int_{0}^{\infty} \phi(x)\,dx$$

と書いてもよい．さらに，定数関数 $c$ の定める超関数は

$$\langle c, \phi \rangle = \int_{-\infty}^{\infty} c\phi(x) \; dx = c \int_{-\infty}^{\infty} \phi(x) \; dx$$

である．

---

**定義 9.13**(デルタ関数)

$$u[\phi] = \phi(0) \qquad (\phi \in \mathcal{D}(\mathbb{R}))$$

によって定義される超関数を**デルタ関数**(あるいは**デルタ超関数**)といい，$\delta$ で表す．すなわち，

$$\langle \delta, \phi \rangle = \phi(0) \tag{9.52}$$

とする．

---

このように，デルタ関数を超関数として明確に定義したうえで，(9.52)の左辺を形式的に

$$\int_{-\infty}^{\infty} \delta(x)\phi(x) \; dx$$

と書くのである．そうしたときには

$$\int_{-\infty}^{\infty} \delta(x)\phi(x) \; dx = \phi(0) \qquad (\phi \in \mathcal{D}(\mathbb{R})) \tag{9.53}$$

がデルタ超関数の定義式である．

超関数の和や定数倍は，

$$(u+v)[\phi] = u[\phi] + v[\phi], \qquad (\alpha u)[\phi] = \alpha u[\phi]$$

と定義される．ただし，$u, v$ は超関数，$\alpha \in \mathbb{R}$, $\phi \in \mathcal{D}(\mathbb{R})$ である．記号 $\langle \cdot, \cdot \rangle$ を用いれば，

$$\langle u+v, \phi \rangle = \langle u, \phi \rangle + \langle v, \phi \rangle, \qquad \langle \alpha u, \phi \rangle = \alpha \langle u, \phi \rangle \tag{9.54}$$

と書ける．

228　9　超 関 数——出会いから応用へ

## 9.4　超関数の性質

　超関数の演算や性質をくまなく述べる余裕はないが，超関数の優れた(便利な)性質が実感されるであろう極限と，微分について説明をしておこう.

### (a) 極 限

---

**定義 9.14**　超関数の列 $\{u_n\}$ が超関数 $u_0$ に収束するとは，任意のテスト関数 $\phi \in \mathcal{D}(\mathbb{R})$ に対して

$$\lim_{n \to \infty} \langle u_n, \phi \rangle = \langle u_0, \phi \rangle$$

が成り立つことである．このことを，

$$\mathcal{D}'(\mathbb{R}) \text{ において } u_n \to u_0, \qquad \lim_{n \to \infty} u_n = u_0 \quad (\mathcal{D}'(\mathbb{R}) \text{ において})$$

などと書く．あるいは，誤解のおそれがなければ，単に，

$$u_n \to u_0, \qquad \lim_{n \to \infty} u_n = u_0$$

と書いてもよい.

---

**例 9.15**　$f_n(x) = ne^{-n|x|}$ の定める超関数を，単に $f_n$ と書く．$f_n$ の極限を求めたい．任意の $\phi \in \mathcal{D}(\mathbb{R})$ に対して

$$\langle f_n, \phi \rangle = \int_{-\infty}^{\infty} ne^{-n|x|} \phi(x) \, dx = \int_{-\infty}^{\infty} e^{-|y|} \phi\left(\frac{y}{n}\right) \, dy$$

であるから，

$$\langle f_n, \phi \rangle \to \int_{-\infty}^{\infty} e^{-|y|} \phi(0) \, dy = 2\phi(0)$$

が得られる．すなわち，

$$\lim_{n \to \infty} \langle f_n, \phi \rangle = \langle 2\delta, \phi \rangle$$

である．結局，

$$\lim_{n \to \infty} n e^{-n|x|} = 2\delta \qquad (\mathcal{D}'(\mathbb{R}) \text{ において})$$

が示された. □

**例 9.16** 同様に, 9.1 節において, デルタ収束列 $\{g_n\}$ を, (9.12)を満たす関数列 $\{g_n\}$ として導入したが, これは, 正確には,

$$\lim_{n \to \infty} g_n(x) = \delta(x) \qquad (\mathcal{D}'(\mathbb{R}) \text{ において})$$

を満たす $\mathcal{D}'(\mathbb{R})$ の関数列 $\{g_n\}$ という意味で取り扱えばよい. そうすると, 例 9.2 や例 9.4 の結果は,

$$\lim_{n \to \infty} \frac{1}{\pi} \frac{n}{1 + n^2 x^2} = \delta(x) \qquad (\mathcal{D}'(\mathbb{R}) \text{ において}),$$

$$\lim_{\lambda \to \infty} \frac{1}{\pi} \frac{\sin \lambda x}{x} = \delta(x) \qquad (\mathcal{D}'(\mathbb{R}) \text{ において})$$

となることと明確化されるのである. □

### (b) 微 分

9.2 節の(b)で述べたように, 関数 $u(x)$ の超関数的導関数とは,

$$\int_{-\infty}^{\infty} v(x)\phi(x) \, dx = -\int_{-\infty}^{\infty} u(x)\phi'(x) \, dx \qquad (\phi \in C_0^\infty(\mathbb{R}))$$

を満たすような関数 $v(x)$ のことをいうのであった. 関数 $u(x)$, $v(x)$ の定める超関数(それらを, 規約通りに $u$, $v$ と書く)を用いれば, この関係は,

$$\langle v, \phi \rangle = -\langle u, \phi' \rangle \qquad (\phi \in C_0^\infty(\mathbb{R})) \tag{9.55}$$

と書ける.

そこで, 必ずしも関数から定義されるわけではない, 一般の超関数 $u$ に対して,

$$\langle v, \phi \rangle = -\langle u, \phi' \rangle \qquad (\phi \in \mathcal{D}(\mathbb{R})) \tag{9.56}$$

で新しい超関数 $v$ を定義する. 実際, $v$ が線形汎関数であることは明らかであ

ろう．また，テスト関数 $\{\phi_n\}$ が，$\mathcal{D}(\mathbb{R})$ において $\phi_n \to \phi_0$ となるときは，$u$ が超関数であることにより，

$$\langle u, \phi_n' \rangle \to \langle u, \phi_0' \rangle$$

が成り立つ（$\psi_n = \phi_n'$，$\psi_0 = \phi_0'$ を新しいテスト関数と考えればよい）ので，

$$\langle v, \phi_n \rangle \to \langle v, \phi_0 \rangle$$

となり，$v$ は $\mathcal{D}(\mathbb{R})$ 上で連続であり，結果的に，確かに超関数となる．

**定義 9.17**（超関数の微分）　超関数 $u$ に対して，$(9.56)$ で定義される超関数を，$u$ の**導関数**（**導超関数**）といい，

$$v = u', \qquad \frac{d}{dx} u = v$$

などと表す．$u$ から $v$ を求める操作を超関数を微分するという．

この定義が可能であったことを定理の形で述べておく．

**定理 9.18**　超関数 $u$ には必ず導関数 $u'$ が存在する．したがって，さらに，超関数 $u'$ にはその導関数 $(u')' = u''$ が存在するが，これは $u$ の2階の導関数である．すなわち，超関数は，何回でも微分が可能である．

例9.19　$(9.22)$ で定義したヘヴィサイド関数 $u = Y$ の導関数を $(9.56)$ に従って求めよう．

$$\langle Y', \phi \rangle = -\langle Y, \phi' \rangle$$
$$= -\int_0^\infty \phi'(x)\, dx = \phi(0) = \langle \delta, \phi \rangle$$

が任意の $\phi \in \mathcal{D}(\mathbb{R})$ に対して成り立つ．したがって，$(9.31)$ では "超関数的な導関数" として，やや頼りなげに導いた等式

$$\frac{d}{dx} Y = \delta$$

が一般論の中で明確化された．

9.4 超関数の性質 231

**例 9.20** $\delta$ の導関数 $\delta'$ は

$$\langle \delta', \phi \rangle = -\langle \delta, \phi' \rangle = -\phi'(0)$$

によって定義される超関数である. さらに, $k$ を任意の正の整数とするとき,

$$\delta^{(k)} = \left( \frac{d}{dx} \right)^k \delta$$

は, 任意の $\phi \in \mathcal{D}(\mathbb{R})$ における値が

$$\langle \delta^{(k)}, \phi \rangle = (-1)^k \phi^{(k)}(0) \tag{9.57}$$

で与えられる超関数である. □

さて, 超関数の世界では微分は連続な演算である. すなわち, 次の定理が成り立つ.

**定理 9.21** 超関数列 $\{u_n\}$ が, $\mathcal{D}'(\mathbb{R})$ において超関数 $u_0$ に収束するならば, $u_n'$ は, $\mathcal{D}'(\mathbb{R})$ において $u_0'$ に収束する. すなわち,

$$u_n \to u_0 \quad (\mathcal{D}'(\mathbb{R}) \text{ において}) \quad \Rightarrow \quad u_n' \to u_0' \quad (\mathcal{D}'(\mathbb{R}) \text{ において})$$

が成り立つ.

[証明] $u_n'$ の極限を具体的に計算する. $\phi \in \mathcal{D}(\mathbb{R})$ を任意のテスト関数とするとき, $\phi' \in \mathcal{D}(\mathbb{R})$ でもある. したがって, $\mathcal{D}'(\mathbb{R})$ において $u_n \to u_0$ より,

$$\langle u_n, \phi' \rangle \to \langle u_0, \phi' \rangle$$

となる. ところが, $u_n'$ と $u_0'$ の定義から

$$\langle u_n', \phi \rangle = -\langle u_n, \phi' \rangle, \qquad \langle u_0', \phi \rangle = -\langle u_0, \phi' \rangle$$

である. これらを合わせると,

$$\langle u_n', \phi \rangle \to \langle u_0', \phi \rangle$$

となり, これは, $\mathcal{D}'(\mathbb{R})$ において $u_n' \to u_0'$ が成り立つことを意味している. ∎

232    9 超関数——出会いから応用へ

**例 9.22** $f_n(x) = \dfrac{1}{\pi} \tan^{-1}(nx)$ とおく. $n \to \infty$ のとき, $x > 0$ では

$$f_n(x) \to \frac{1}{\pi} \tan^{-1}(\infty) = \frac{1}{\pi} \frac{\pi}{2} = \frac{1}{2}$$

となり, $x < 0$ では

$$f_n(x) \to \frac{1}{\pi} \tan^{-1}(-\infty) = \frac{1}{\pi} \left( -\frac{\pi}{2} \right) = -\frac{1}{2}$$

となる. これを用いると

$$
\begin{aligned}
\lim_{n \to \infty} \langle f_n, \phi \rangle &= \int_{-\infty}^{0} \left( -\frac{1}{2} \right) \phi(x) \, dx + \int_{0}^{\infty} \frac{1}{2} \phi(x) \, dx \\
&= \left\langle \frac{1}{2} \mathrm{sgn}(x), \phi \right\rangle \\
&= \left\langle Y - \frac{1}{2}, \phi \right\rangle
\end{aligned}
$$

が得られる. すなわち, 関数 $f_n$ の定める超関数について,

$$\lim_{n \to \infty} f_n = Y - \frac{1}{2} \qquad (\mathcal{D}'(\mathbb{R}) \text{ において})$$

が成り立つ. さて, 例 9.5 により, 超関数が定数関数ならば, その導関数は 0 となる. したがって, さらに, 定理 9.21 を用いると

$$\lim_{n \to \infty} f_n' = \delta \qquad (\mathcal{D}'(\mathbb{R}) \text{ において}) \tag{9.58}$$

である. ところが

$$f_n'(x) = \frac{1}{\pi} \frac{n}{1 + n^2 x^2}$$

であるから, (9.58) の結果は (9.16) の再現である.    □

超関数の無限和は次のように定義される.

**定義 9.23** $\{u_n\}$ が超関数の列であるとき, **無限級数**

$$\sum_{n=1}^{\infty} u_n = u_1 + u_2 + \cdots + u_n + \cdots$$

の和が超関数 $S$ であるとは

$$\sum_{n=1}^{\infty} \langle u_n, \phi \rangle = \langle S, \phi \rangle$$

が任意の $\phi \in \mathcal{D}(\mathbb{R})$ に対して成り立つことである.

定理 9.21 から次の**項別微分の定理**が導かれる.

**定理 9.24** 超関数の級数は項別微分することが許される. すなわち, 超関数の列 $\{u_n\}$ を項とする級数 $\sum_{n=1}^{\infty} u_n$ の和が超関数 $U$ であるときには,

$$U = \sum_{n=1}^{\infty} u_n \quad (\mathcal{D}'(\mathbb{R}) \text{ において}) \quad \Rightarrow \quad U' = \sum_{n=1}^{\infty} u_n' \quad (\mathcal{D}'(\mathbb{R}) \text{ において})$$

が成り立つ.

[証明] まず,

$$U_n = \sum_{k=1}^{n} u_k$$

とおく. 仮定により, $\mathcal{D}'(\mathbb{R})$ において $U_n \to U$ であるから, さらに, 定理 9.21 によって,

$$U_n' \to U' \qquad (\mathcal{D}'(\mathbb{R}) \text{ において}) \tag{9.59}$$

が成り立つ. ところが,

$$U_n' = \left( \sum_{k=1}^{n} u_k \right)' = \sum_{k=1}^{n} u_k'$$

であるから, (9.59) を書き直せば,

$$U' = \lim_{n \to \infty} \sum_{k=1}^{n} u_k' = \sum_{k=1}^{\infty} u_k' \qquad (\mathcal{D}'(\mathbb{R}) \text{ において})$$

が得られる. ∎

以上, デルタ関数を中心とした視野で, 超関数とのなじみを深めてきた. 超関数が威力を発揮する本格的な応用, すなわち, フーリエ解析, 多変数の解析, 特に, 偏微分方程式への応用には全く入ることができなかったが, 超関数

234　9　超 関 数——出会いから応用へ

と物理現象とのつながり，および，超関数の提供する解析の自由さの片鱗は察
してもらえたものと期待している．

## 問　題

**問 9.1**　$(9.41)$ と $(9.42)$ を，超関数的導関数の定義を検証することで確認せよ．

**問 9.2**　$\phi_n \in \mathcal{D}(\mathbb{R})$ $(n=0,1,2,\dots)$ を，$\mathcal{D}(\mathbb{R})$ において $\phi_n \to \phi_0$ $(n\to\infty)$ なるもの
とする．このとき，十分に滑らかな関数 $a$ に対して，$\psi_n = a\phi_n$ と定めると，$\psi_n \in$
$\mathcal{D}(\mathbb{R})$ であり，$\mathcal{D}(\mathbb{R})$ において $\psi_n \to \psi_0$ $(n\to\infty)$ を満たすことを確かめよ．

**問 9.3**　超関数 $u$ と十分に滑らかな関数 $a$ に対して，汎関数 $v\colon \mathcal{D}(\mathbb{R}) \to \mathbb{R}$ を，

$$\langle v, \phi \rangle = \langle u, a\phi \rangle \qquad (\phi \in \mathcal{D}(\mathbb{R}))$$

で定める（$a\phi \in \mathcal{D}(\mathbb{R})$ なので，$v$ は確かに汎関数として定義できる）．この $v$ が超関数で
あることを確かめよ．また，$v$ を改めて $v = au$ と書くことにするとき，超関数 $au$ の導
関数を計算せよ．

**問 9.4**　テスト関数 $\phi \in \mathcal{D}(\mathbb{R})$ が偶関数ならば，つねに，$\langle u, \phi \rangle = 0$ が成り立つとき，
超関数 $u$ は奇関数であるという．また，$\phi \in \mathcal{D}(\mathbb{R})$ が奇関数ならば，$\langle u, \phi \rangle = 0$ が成り
立つとき，$u$ は偶関数であるという．

（1）　デルタ関数は偶関数であることを確かめよ．

（2）　偶関数である超関数 $u$ の微分は奇関数となることを確かめよ．

## ノート

### 9.A　$(9.10)$ などの正確な導出

$\rho_n = \rho_n(x)$ を 9.1 節 (a) で定めた関数，$f = f(x)$ を連続関数とする．9.1
節 (b) において，

$$\lim_{n\to\infty} \int_{-\infty}^{\infty} f(x)\rho_n(x)\,dx = f(0) \tag{9.8}$$

を示す際に，

$$\lim_{n \to \infty} \int_{-L}^{L} f\left(\frac{y}{n}\right) \rho(y) \, dy = f(0) \qquad (9.10)$$

が成り立つことを使った. この式を導く計算について, 補足的に説明を加える.

そのためには, $\varepsilon\delta$ 論法を用いる必要がある. $\varepsilon > 0$ を任意とする. $f(x)$ の連続性により, $|f(x) - f(0)| \leqq \varepsilon$ $(|x| \leqq \delta)$ を満たす $\delta > 0$ が存在する. さて, $N \geqq L/\delta$ を満たす自然数を一つ固定する. そうすると,

$$\max_{|y| \leqq L} \left| f\left(\frac{y}{n}\right) - f(0) \right| \leqq \varepsilon \qquad (n \geqq N)$$

が成り立つ(これが, (9.9)の正確な意味である). したがって, $n \geqq N$ ならば,

$$\left| \int_{-\infty}^{\infty} f\left(\frac{y}{n}\right) \rho(y) \, dy - \int_{-\infty}^{\infty} f(0)\rho(y) \, dy \right|$$
$$\leqq \int_{-L}^{L} \left| f\left(\frac{y}{n}\right) - f(0) \right| \rho(y) \, dy$$
$$\leqq \max_{|y| \leqq L} \left| f\left(\frac{y}{n}\right) - f(0) \right| \cdot \int_{-L}^{L} \rho(y) \, dy$$
$$\leqq \varepsilon \cdot 1 = \varepsilon$$

となる. このようにして, (9.10)が示されるのである.

この章で行われた計算の多くは, 数学的厳密性の観点からは, いささか形式的であったが, このように議論をひとつひとつ正当化することが可能である. 理論を重視する読者は, 各自で正当化を試みるとよい. また, 応用を目指す読者は, 正当化が可能であることを心に留めて, 形式的な計算を行えばよい.

### 9.B 定数関数の定める超関数の微分

(9.58)を導く際にすでに用いたが, 超関数 $u$ が定数関数ならば, その導関数は $u' = 0$ となる. さらに, 次も成り立つ.

236    9 超 関 数——出会いから応用へ

> **定理 9.25** 超関数 $u$ の導関数が $u'=0$ ならば，$u$ は定数関数（定数関数の定める超関数）である．

[証明]　$\phi \in \mathcal{D}(\mathbb{R})$ を任意のテスト関数として，$\operatorname{supp}\phi \subset (-L, L)$ とする．次を満たす関数 $\beta \in C_0^\infty(\mathbb{R})$ を一つとり，以後固定する：

$$\beta \not\equiv 0, \quad \operatorname{supp}\beta \subset (-L, L), \quad \int_{-\infty}^\infty \beta(x)\ dx = 1.$$

このとき，

$$\psi(x) = \int_{-\infty}^x \phi(y)\ dy - M\int_{-\infty}^x \beta(y)\ dy, \quad M = \int_{-\infty}^\infty \phi(y)\ dy = \langle 1, \phi \rangle$$

と定義すると，$\psi \in C^\infty(\mathbb{R})$ となる．さらに，$x \le -L$ のときは，$\psi$ を定義する積分全体が 0 となるので $\psi(x)=0$ であり，一方で，$x \ge L$ のときは，$\phi(x)=0, \beta(x)=0$ なので，

$$\psi(x) = \int_{-\infty}^\infty \phi(y)\ dy - M \underbrace{\int_{-\infty}^\infty \beta(y)\ dy}_{=1} = 0$$

となる．すなわち，$\psi \in \mathcal{D}(\mathbb{R})$ であり，これをテスト関数として採用できる．したがって，導関数の定義により，

$$\langle u', \psi \rangle = -\langle u, \psi' \rangle$$

であるが，$\psi'(x) = \phi(x) - M\beta(x)$ であるので，

$$0 = -\langle u, \phi - M\beta \rangle = -\langle u, \phi \rangle + M\langle u, \beta \rangle$$

が得られる．$\langle u, \beta \rangle = C$ とおけば，$\beta$ は固定されているので，$C$ は定数である．これより，

$$\langle u, \phi \rangle = MC = \langle C, \phi \rangle$$

が得られる．これは，$u$ が定数関数から定義される超関数であることを意味している．∎

## 9. C 緩増加な超関数

テスト関数のクラスを $\mathcal{D}(\mathbb{R})$ よりも広げて定義される超関数のクラスとして，"緩増加な超関数"とよばれるものが応用上は重要であるので，簡単に紹介しておこう．$\mathcal{S}(\mathbb{R})$ は，7.3 節で説明した，急減少関数の全体の集合である．特に，任意の $\phi \in \mathcal{S}(\mathbb{R})$ と任意の非負の整数 $k, l$ に対し，

$$p_{k,l}(\phi) = \sup_{x \in \mathbb{R}} |x|^l |\phi^{(k)}(x)| \tag{9.60}$$

の値は有限である．$\mathcal{S}(\mathbb{R})$ の関数列 $\{\phi_n\}$ と $\phi_0 \in \mathcal{S}(\mathbb{R})$ に対して，

$$p_{k,l}(\phi_n - \phi_0) \to 0 \qquad (n \to \infty)$$

が任意の $k, l = 0, 1, 2, \ldots$ に対して成り立っていることを，"$\mathcal{S}(\mathbb{R})$ において $\phi_n \to \phi_0$" と書く．そして，$u$ が **緩増加な超関数** であるとは，次の 2 つが成り立つことである：

(i) $u$ は $\mathcal{S}(\mathbb{R})$ を定義域とする線形汎関数である．

(ii) $u$ は $\mathcal{S}(\mathbb{R})$ で連続である．すなわち，$\mathcal{S}(\mathbb{R})$ において $\phi_n \to \phi_0$ のとき，$u[\phi_n] \to u[\phi_0]$ となる．

緩増加な超関数全体の集合を $\mathcal{S}'(\mathbb{R})$ で表す．明らかに，$u \in \mathcal{S}'(\mathbb{R})$ であれば $u \in \mathcal{D}'(\mathbb{R})$ なので（テスト関数を制限すればよいのみである），$\mathcal{S}'(\mathbb{R}) \subset \mathcal{D}'(\mathbb{R})$ が成り立つ．

本書では，$\mathcal{D}(\mathbb{R})$ 上で定義された超関数のみを考察したが，実は，9.4 節で述べた全ての性質は，緩増加な超関数についても同様に成り立つ．たとえば，関数 $f(x) = e^x$ は $\mathcal{D}'(\mathbb{R})$ に属するが，$\mathcal{S}'(\mathbb{R})$ には属さない．一方，緩増加な超関数の長所の一つは，そのフーリエ変換が定義できることである．たとえば，$\delta \in \mathcal{S}'(\mathbb{R})$ であるが，そのフーリエ変換は定数関数 $\dfrac{1}{\sqrt{2\pi}}$ になる．

# 問題の略解

**第1章**

**問 1.1** $u$ と $v$ を求めると，$u(t)=e^{5t}$, $v(t)=e^{2t+1}$ となるから，$e^{5T}=u(T)=v(T)=e^{2T+1}$ を解いて，$T=\dfrac{1}{3}$ を得る.

**問 1.2** (1) $f(z)=-3z+2$ とおく．$z'(0)=f(1)<0$ なので，$t\to\infty$ のとき，$z(t)$ は減少しながら，$z(t)\to\dfrac{2}{3}$ となる．あるいは，変数分離法によって，$z(t)$ を求めると $z(t)=\dfrac{2}{3}+\dfrac{1}{3}e^{-3t}$ となるので，これで $t\to\infty$ としてもよい．(2) $f(z)=(3-z)(z-1)$ とおく．$z'(0)=f(2)>0$ なので，$t\to\infty$ のとき，$z(t)$ は増加しながら，$z(t)\to3$ となる．あるいは，変数分離法によって，$z(t)=\dfrac{3e^{2t}+1}{e^{2t}+1}$ と求められるので，これで $t\to\infty$ としてもよい．(3) $f(z)=z(3-2z)$ とおく．$z'(0)=f(1)>0$ なので，$t\to\infty$ のとき，$z(t)$ は増加しながら，$z(t)\to\dfrac{3}{2}$ となる.

**問 1.3** $t\to\infty$ のとき $z\to1$ なので，このとき，$\dfrac{dz}{dt}\to0$ である．したがって，与えられた微分方程式で $t\to\infty$ とすると，2次方程式 $0=k-k^2+2$ が満たされなければならない．すなわち，$k=-1$ か $k=2$ である．$k=2$ のとき，微分方程式は $\dfrac{dz}{dt}=2z-2$ であるが，この解 $z$ は，$z(0)<1$ のとき $z\to-\infty$, $z(0)>1$ のとき $z\to\infty$ を満たす．$k=-1$ のときは，微分方程式 $\dfrac{dz}{dt}=-z+1$ であるが，この解 $z$ は，$z\to1$ を満たす．したがって，求める答えは $k=-1$.

**問 1.4** (b) $\Rightarrow$ (a)：$k=e^h-1$ とおくと，$h\to0$ のとき $k\to0$, さらに，$h=\log(1+k)$ であるから，$\displaystyle\lim_{h\to0}\frac{e^h-1}{h}=\lim_{k\to0}\frac{k}{\log(1+k)}=\lim_{k\to0}\frac{1}{\log(1+k)^{1/k}}$. したがってもとの (b)から，$\displaystyle\lim_{k\to0}\log(1+k)^{\frac{1}{k}}=1$, すなわち，$\displaystyle\lim_{k\to0}(1+k)^{\frac{1}{k}}=e$ が出る．この式で，$n=1/k$ とおくと，$k\to0$ のとき $n\to\infty$ なので，(a)が出る．(a) $\Rightarrow$ (b)：逆をたどればよい.

**問 1.5** 変数分離法で解を求めると，$z(t)^2=\dfrac{a^2e^{2t}}{1+a^2(1-e^{2t})}$ と表現できる．したがって，解は有限時刻 $T=(1/2)\log(1+1/a^2)$ で爆発する.

240　問題の略解

## 第 2 章

**問 2.1**　特性方程式は $\lambda^2+2\lambda+5=0$, 特性根は $\lambda=-1+2i$ と $\lambda=-1-2i$ であるから, $e^{-t}\cos 2t$, $e^{-t}\sin 2t$ が 1 組 の 基本 解 で あ り, し た が っ て 一般 解 は $x(t)=c_1 e^{-t}\cos 2t+c_2 e^{-t}\sin 2t$ で あ る. 初期 条件 $x(0)=1$, $x'(0)=3$ よ り, $c_1=1$, $c_2=2$ を得る. ゆえに, $x(t)=e^{-t}\cos 2t+2e^{-t}\sin 2t$.

**問 2.2**　微分方程式 $x''+3x=0$ の特性方程式は $\lambda^2+3=0$. 特性根は $\lambda=\sqrt{3}\,i$ と $\lambda=-\sqrt{3}\,i$ である. したがって, $\cos\sqrt{3}\,t$ と $\sin\sqrt{3}\,t$ が 1 組の基本解であり, 一般解は, $x(t)=c_1\cos\sqrt{3}\,t+c_2\sin\sqrt{3}\,t$ で与えられる. $x(0)=2$ より, $c_1=2$ がわかる. P の振幅は $\sqrt{c_1^2+c_2^2}=\sqrt{4+c_2^2}$ なので, $\sqrt{4+c_2^2}=4$ より, $c_2=\pm 2\sqrt{3}$ を得る. したがって, $k=x'(0)=\sqrt{3}\,c_2=6$.

**問 2.3**　特性方程式は $\lambda^2+2\lambda=0$. 特性根は $\lambda=0$ と $\lambda=-2$ であるから, $1$, $e^{-2t}$ が 1 組の基本解であり, 一般解は $x(t)=c_1+c_2 e^{-2t}$ である. 初期条件 $x(0)=0$, $x'(0)=6$ より, $c_1=3$, $c_2=-3$ を得る. したがって, $t\to\infty$ のとき, 動点 P は限りなく 3 に近づいていく.

**問 2.4**　微分方程式 $x''+4x=0$ の特性方程式は $\lambda^2+4=0$. 特性根は $\lambda=2i$ と $\lambda=-2i$ である. 一般解は, $x(t)=c_1\cos 2t+c_2\sin 2t$ である. $x(0)=2\sqrt{3}$, $x'(0)=4$ より, $c_1=2\sqrt{3}$, $c_2=2$ と求められる. したがって, $t\geqq 0$ の範囲で動点 P が最初に原点を通過する時刻 $T$ は, $T=\dfrac{\pi}{6}$ となる.

**問 2.5**　(1) $x=e^{\sqrt{2}\,t}+e^{-\sqrt{2}\,t}$. (2) $x=\sqrt{2}\sin(\sqrt{2}\,t)+\cos(\sqrt{2}\,t)$. (3) $x=te^{-t}$.
(4) $x=-e^{-t}+3e^{t/3}$.

**問 2.6**　$\gamma^2-4mk>0$ のときは, (2.32)で定義される $\lambda_1,\lambda_2$ は, ともに実数である. 一般解は, $x(t)=c_1 e^{\lambda_1 t}+c_2 e^{\lambda_2 t}$ となるが, いま, $\lambda_1,\lambda_2<0$ なので, $t\to\infty$ のとき, $x(t)$ は単調に 0 に減衰する. 一方で, $\gamma^2-4mk=0$ のときの一般解は, $x(t)=(c_1+c_2 t)e^{-t\gamma/2m}$ である. このときも, $t\to\infty$ では, $x(t)$ は単調に 0 に減衰する.

## 第 3 章

**問 3.1**　$u=r^2$ とおく. すなわち, $u=x^2+y^2$. この両辺を $t$ で微分すると, $u'=2(x'x+y'y)$ となる. ここで, 微分方程式により, $u'=2(-x^2-\sqrt{3}\,yx+\sqrt{3}\,xy-y^2)=-2r^2=-2u$. したがって, $u(t)=Ce^{-2t}$ となるが, $x(0)=2, y(0)=1$ より, $C=5$. ゆえに, $r^2=5e^{-2t}$.

**問 3.2**　行列 $\begin{pmatrix} -5 & k \\ 1 & 1 \end{pmatrix}$ の固有値は $\lambda_1=-2-\sqrt{9+k}$, $\lambda_2=-2+\sqrt{9+k}$ である. 定理 3.1 (定理 3.3) により, これらの実部がともに負であればよい. $k>-9$ のときは, $\lambda_1<0$ なので, さらに, $\lambda_2=-2+\sqrt{9+k}<0$ となるためには, $k<-5$ であればよい. 一方で, $k\leqq -9$ のときは, $\lambda_1,\lambda_2$ の実部はともに $-2$ である. ゆえに, 求める $k$ の範

囲は，$k < -5$ である.

**問 3.3**  $X = x$，$Y = y - x$ と変換すると，$X' = -Y$，$Y' = X$ を得る．したがって，$X'' + X = 0$，$Y'' + Y = 0$ を満たす．ともに，特性方程式は $\lambda^2 + 1 = 0$，特性根は $\lambda = \pm i$ なので，$X(t) = C_1 \cos t + C_2 \sin t$ と書ける．初期条件 $X(0) = 1$，$X'(0) = -Y(0) = 0$ より，$X(t) = \cos t$ を得る．同様にして，$Y(t) = \sin t$ も出る．よって，$x(t) = \cos t$，$y(t) = \cos t + \sin t$ と求められる．したがって，P が動き始めてから，最初に $y$ 軸を横切るのは $t = \dfrac{\pi}{2}$ のときだから，$b = 1$ である.

**問 3.4**  (1) $x(t) = \dfrac{1}{a^2 + b^2}(a \cos bt + b \sin bt - a e^{-at})$. (2) $x(t) = \dfrac{1}{2}(e^{-t} + t \sin t - t \cos t + \cos t)$.

**問 3.5**  (1) $x(t) = 4e^{-t} - 3e^{-2t}$，$y(t) = e^{-2t}$. (2) $x(t) = 3e^{-2t} - e^{4t}$，$y(t) = 3e^{-2t} - 4e^{4t}$.


# 第 4 章

**問 4.1**  ケプラーの第三法則より，惑星の公転周期の 2 乗は，円軌道の半径の 3 乗に比例する．したがって，半径が $\dfrac{R}{9}$ のときの周期を $T$ とおくと，$\dfrac{T^2}{(R/9)^3} = \dfrac{351^2}{R^3}$ を得る．よって，$T = 13$ 日である.

**問 4.2**  ケプラーの第二法則より，惑星が太陽の周りに描く面積速度は，各惑星ごとに一定である．したがって，K での速度を $v$，E での速度を $w$，S から K までの距離を $r$ とおくと，$\dfrac{1}{2}rv = \dfrac{1}{2}6rw$．したがって，$v = 6w$．すなわち，6 倍である.

**問 4.3**  ケプラーの第二法則より，惑星が太陽の周りに描く面積速度は，各惑星ごとに一定である．$\dfrac{1}{2} \cdot 2 \cdot 3 = 3$ より，面積速度は 3 である.


# 第 5 章

**問 5.1**  $u'' = -1$ の一般解は $u = -\dfrac{1}{2}x^2 + C_1 x + C_2$ である．$u(0) = u'(2) = 0$ より，$C_1 = 2$，$C_2 = 0$ を得る．したがって，$u(2) = 2$.

**問 5.2**  (1) $A = 4$，$B = 0$. (2) 問(1)の $v(x)$ を用いて $w = u - v$ とおくと，$w$ は微分方程式 $w'' + \dfrac{1}{4}w = 0$ を満たす．したがって，$w(x) = c_1 \cos \dfrac{1}{2}x + c_2 \sin \dfrac{1}{2}x$ と解けるので，$u(x) = c_1 \cos \dfrac{1}{2}x + c_2 \sin \dfrac{1}{2}x + 4x$ がわかる．$u(0) = u(\pi) = 0$ より，$c_1 = 0$，$c_2 = -4\pi$ を得る．したがって，$u(x) = -4\pi \sin \dfrac{1}{2}x + 4x$.

**問 5.3**  (1) グリーン関数の非負値性(5.19)と $f(x) > 0$ の仮定から，(5.18)の被積分関数 $G(x,y)f(y)$ は非負なので，$u(x) \geqq 0$ となる．(2) $u(x)$ が $0 \leqq x_1 \leqq l$ において負の最小値 $\mu = \min_{0 \leqq x \leqq l} u(x) < 0$ を達成すると仮定する．境界条件により，$0 < x_1 < l$ である．$x_1$ では，$u'(x_1) = 0$ かつ $u''(x_1) \geqq 0$ となる．微分方程式を $x = x_1$ で考えると，$0 \leqq u''(x_1) = -f(x_1) < 0$ となり矛盾する．ゆえに，$u(x) \geqq \min_{0 \leqq x \leqq l} u(x) \geqq 0$ である.

**問 5.4**  (1) 省略. (2) $k = 2 \sinh 2$ とおく.

242　問題の略解

$$u(x) = \frac{1}{k}\sinh(2(1-x))\int_0^x \sinh(2y)f(y)\ dy$$
$$+\frac{1}{k}\sinh(2x)\int_x^1 \sinh(2(1-y))f(y)\ dy$$

と書いてから，公式 $(5.23)$ を使って両辺を 2 回微分し，公式 $(5.22)$ を使えば，$u''=4u$ $-f$ が得られる．すなわち，$c=4$ である．

**問 5.5**　(1) 省略．(2) 微分方程式 $u''+\pi^2 u=1$ の両辺に $\sin\pi x$ を掛けてから積分すると，

$$-\pi^2\int_0^1 u(x)\sin\pi x\ dx + \pi^2\int_0^1 u(x)\sin\pi x\ dx = \int_0^1 \sin\pi x\ dx$$

となるが，左辺は 0，右辺は $2/\pi$ となるので矛盾である．

## 第 6 章

**問 6.1**　(1) $a_0=\dfrac{1}{\pi}\displaystyle\int_{-\pi}^{\pi}\pi|\sin 2x|\ dx=4$，$a_1=\dfrac{1}{\pi}\displaystyle\int_{-\pi}^{\pi}\pi|\sin 2x|\cos x\ dx=0$.

(2) $a_1=\dfrac{1}{\pi}\displaystyle\int_0^{\pi}\sin x\cos x\ dx=\dfrac{1}{\pi}\displaystyle\int_0^{\pi}\dfrac{1}{2}\sin 2x\ dx=0$，$b_1=\dfrac{1}{\pi}\displaystyle\int_0^{\pi}\sin x\sin x\ dx=$ $\dfrac{1}{\pi}\displaystyle\int_0^{\pi}\dfrac{1}{2}(1-\cos 2x)\ dx=\dfrac{1}{2}$. (3) $a_1=\dfrac{1}{\pi}\displaystyle\int_0^{\pi}\pi\cos x\ dx=0$，$b_1=\dfrac{1}{\pi}\displaystyle\int_0^{\pi}\pi\sin x\ dx$ $=2$. (4) $a_1=\dfrac{1}{\pi}\displaystyle\int_{-\pi}^{\pi}(\pi^2-x^2)\cos x\ dx=4$，$b_1=\dfrac{1}{\pi}\displaystyle\int_{-\pi}^{\pi}(\pi^2-x^2)\sin x\ dx=0$.

**問 6.2**　(1) $\cos n(x+\pi)=(-1)^n\cos nx$，$\sin n(x+\pi)=(-1)^n\sin nx$ より，
$g(x)=\dfrac{a_0}{2}+\displaystyle\sum_{n=1}^{\infty}(-1)^n(a_n\cos nx+b_n\sin nx)$.
(2) $\cos n(\pi-x)=(-1)^n\cos nx$，$\sin n(\pi-x)=(-1)^{n+1}\sin nx$ より，
$g(x)=\dfrac{a_0}{2}+\displaystyle\sum_{n=1}^{\infty}(-1)^n a_n\cos nx$.

**問 6.3**　$u(x,t)=e^{-\kappa t}\sin x+e^{-4\kappa t}\sin 2x$. 三角不等式より，$|u(x,t)|\leqq e^{-\kappa t}|\sin x|$ $+e^{-4\kappa t}|\sin 2x|\leqq e^{-\kappa t}+e^{-4\kappa t}$ なので，$\displaystyle\lim_{t\to\infty}\max_{0\leqq x\leqq 1}|u(x,t)|=0$.

**問 6.4**　$(6.29)$ における，$c_n\ (n=0,1,2,\ldots)$ を具体的に計算して，

$$u(x,t)=2+\frac{4}{\pi}\sum_{k=1}^{\infty}\frac{(-1)^{k+1}}{2k-1}e^{-\kappa(2k-1)^2 t}\cos((2k-1)x).$$

**問 6.5**　$\lambda=\Delta t/(\Delta x)^2$ とおく．$\lambda<1/2$ なので，$1-2\lambda>0$ である．まず，$t_1=\Delta t$ のときは，$U_{1,1}=(1-2\lambda)U_{1,0}+\lambda(U_{0,0}+U_{2,0})=0$，$U_{2,1}=(1-2\lambda)U_{2,0}+\lambda(U_{1,0}+U_{3,0})$ $=\lambda$，$U_{3,1}=(1-2\lambda)U_{3,0}+\lambda(U_{2,0}+U_{4,0})=1-2\lambda$，$U_{4,1}=\lambda$，$U_{5,1}=0$ となる．次に，$t_2=2\Delta t$ のときは，$U_{1,2}$ と $U_{5,2}$ も正となるので，$t_2=2\Delta t$ が答えとなる．

## 第 7 章

**問 7.1**　(1) $\dfrac{1}{\sqrt{2\pi}}\left(\dfrac{\sin(y/2)}{y/2}\right)^2$. (2) $\dfrac{1}{\sqrt{2\pi}}\left(\dfrac{\sin(y-a)}{y-a}+\dfrac{\sin(y+a)}{y+a}\right)$.

問題の略解　　243

**問 7.2**　$\hat{f}_L(y) = \dfrac{1}{\sqrt{2\pi}} \dfrac{\sin \dfrac{L}{2} y}{\dfrac{L}{2} y}$, $\displaystyle\lim_{L \to 0} \hat{f}_L(y) = \dfrac{1}{\sqrt{2\pi}}$.

**問 7.3**　$(-iy)^n e^{-y^2/2}$.

**問 7.4**　(1) $\hat{g}(y) = e^{-iay}\hat{f}(y)$.　(2) $\hat{g}(y) = \cos(ay)\hat{f}(y)$.

## 第 8 章

**問 8.1**　8.2 節(a)の結果を $l = 1$, $f(x) = 6x - 2$ の場合に適用すればよい．すなわち，オイラーの方程式 $-u''(x) = 6x - 2$ $(0 < x < 1)$, $u(0) = u(1) = 0$ を満たす関数 $u(x)$ を求めればよい．答えは $u(x) = -x^3 + x^2$ となる．

**問 8.2**　(1) 8.2 節(c)の結果を $l = 1$, $f(x) = 6x - 2$ の場合に適用すると，オイラーの方程式は $-u'' = 6x - 2$ $(0 < x < 1)$ となる．これを境界条件 $u(0) = u'(1) = 0$ のもとで解くと，$u(x) = -x^3 + x^2 + x$ が得られる．(2) $v \in K$ を任意として，$J[v] \geqq J[u]$ を示せばよい．そのために，$\varphi = v - u$ とおくと，$J[v] = J[u + \varphi] = J[u] + \displaystyle\int_0^1 \dfrac{1}{2}(\varphi')^2 \, dx + \displaystyle\int_0^1 u'\varphi' \, dx - \displaystyle\int_0^1 (6x - 2)\varphi \, dx$ と計算できる．$\varphi \in K_1$ であるから，$\varphi(0) = 0$ である．これと自然境界条件 $u'(1) = 0$ を用いて，第 3 項目を部分積分すると，$\displaystyle\int_0^1 u'\varphi' \, dx = [u'(x)\varphi(x)]_{x=0}^{x=1} - \displaystyle\int_0^1 u''\varphi \, dx$ となる．これらを合わせて，

$$J[v] - J[u] = \underbrace{\int_0^1 \frac{1}{2}(\varphi')^2 \, dx}_{=I} + \underbrace{\int_0^1 [-u'' - (6x - 2)]\varphi \, dx}_{=J}$$

が得られる．オイラーの方程式より，$J = 0$ となる．一方で，$v \neq u$ のとき $I > 0$, $v = u$ のとき $I = 0$ となる．したがって，$u(x)$ は汎関数 $J[v]$ を $K_1$ で最小にする．

**問 8.3**　(1) 定理 8.9 を用いる．ここで，$F(x, v, v') = \dfrac{1}{2}(v')^2 + 2v^2 - v$ であるから，$F_u(x, u, u') - \dfrac{d}{dx} F_{u'}(x, u, u') = 4u - 1 - \dfrac{d}{dx}u'$．すなわち，$-u''(x) + 4u(x) - 1 = 0$ が求めるオイラーの方程式となる．(2) 8.2 節(a)と同様に計算する．すなわち，$v \in K$ を任意として，$\varphi = v - u$ とおく．この $\varphi$ は $\varphi \in K$ を満たす．このとき，$J[v] = J[u + \varphi] = J[u] + J[\varphi] + \displaystyle\int_0^1 (u'\varphi' + 4u\varphi) \, dx$ であるから，部分積分をして，

$$J[v] - J[u] = \underbrace{\int_0^1 \left[ \frac{1}{2}(\varphi')^2 + 2\varphi^2 \right] \, dx}_{=I} + \underbrace{\int_0^1 (-u'' + 4u - 1)\varphi \, dx}_{=J}$$

が得られる．オイラーの方程式から $J = 0$ であり，一方で，$v \neq u$ のとき $I > 0$, $v = u$ のとき $I = 0$ となる．したがって，オイラーの方程式の解 $u(x)$ が，汎関数 $J[v]$ を $K$ で最小にする．(3) 問 5.4 の(2)に出てきた関数 $u(x)$ は微分方程式 $-u'' + 4u = 1$ $(0 < x < 1)$ を境界条件 $u(0) = u(1) = 0$ のもとで満たしていた(問 5.4 の $f(x)$ を，ここでは $f \equiv 1$ としている)．これを具体的に計算すると，$u(x) = \dfrac{1}{4} - \dfrac{1}{4 \sinh 2}[\sinh(2x) +$

244 問題の略解

$\sinh(2(1-x))]$ となる.

**問 8.4** (1) 前問と同様に定理 8.9 を用いればよい. (2) 代入して確かめるのが容易である. (3) 部分積分により, $\int_0^1 (u')^2\ dx = [uu']_{x=0}^{x=1} - \int_0^1 u''u\ dx = -\int_0^1 u''u\ dx$ なので, $J[u] = \dfrac{1}{2}\int_0^1 (-u'' - 16u + 2)u\ dx$ となる. したがって, オイラーの方程式を用いて定積分を実行すると, $J[u] = \dfrac{1}{2}\int_0^1 u\ dx = \dfrac{1}{32}\left(1 - \dfrac{1}{2}\tan 2\right)$ と計算できる. $\tan 2 = -2.1850\cdots$ なので, $J[u] = 0.065\cdots$ となる. 一方で, $\tilde{u} \equiv 0$ に対して, $J[\tilde{u}] = 0$ は明らかである. すなわち, この場合, オイラーの方程式の解 $u(x)$ は汎関数 $J[v]$ を最小にし得ない.

## 第 9 章

**問 9.1** (9.41) の右辺の関数を $v(x)$ と書く. (9.41) を確かめるには,

$$-\int_{-\infty}^{\infty} e^{-|x|}\phi'(x)\ dx = \int_{-\infty}^{\infty} v(x)\phi(x)\ dx$$

が任意のテスト関数 $\phi$ に対して成り立つことを確かめればよい. この左辺を部分積分法を用いて計算すると

$$-\int_{-\infty}^{0} e^x \phi'(x)\ dx - \int_0^{\infty} e^{-x}\phi'(x)\ dx$$
$$= -[e^x \phi(x)]_{-\infty}^0 + \int_{-\infty}^0 e^x \phi(x)\ dx - [e^{-x}\phi(x)]_0^{\infty} + \int_0^{\infty}(-1)e^{-x}\phi(x)\ dx$$
$$= -\phi(0) + \int_{-\infty}^0 e^x \phi(x)\ dx + \phi(0) - \int_0^{\infty} e^{-x}\phi(x)\ dx$$
$$= -\int_{-\infty}^{\infty} \mathrm{sgn}(x) \cdot e^{-|x|}\phi(x)\ dx$$

となり確かに成り立つ. 次に, (9.42) の右辺の関数を $w(x)$ と書く. $w$ は $v$ の超関数的導関数となるべきものであるから, 任意のテスト関数 $\phi$ に対して

$$-\int_{-\infty}^{\infty} v(x)\phi'(x)\ dx = \int_{-\infty}^{\infty} w(x)\phi(x)\ dx$$

が成り立つことを確かめればよい. この左辺を計算すると

$$-\int_{-\infty}^{0} e^x \phi'(x)\ dx + \int_0^{\infty} e^{-x}\phi'(x)\ dx$$
$$= -[e^x \phi(x)]_{-\infty}^0 + \int_{-\infty}^0 e^x \phi(x)\ dx + [e^{-x}\phi(x)]_0^{\infty} + \int_0^{\infty} e^{-x}\phi(x)\ dx$$
$$= -\phi(0) + \int_{-\infty}^0 e^x \phi(x)\ dx - \phi(0) - \int_0^{\infty} e^{-x}\phi(x)\ dx$$
$$= -2\phi(0) + \int_{-\infty}^{\infty} e^{-|x|}\phi(x)\ dx$$

$$= -2 \int_{-\infty}^{\infty} \delta(x)\phi(x) \ dx + \int_{-\infty}^{\infty} e^{-|x|}\phi(x) \ dx$$
$$= \int_{-\infty}^{\infty} [-2\delta(x) + e^{-|x|}]\phi(x) \ dx$$

となり，これは(9.42)を意味する．

**問 9.2**  $\psi_n = a\phi_n \in C^{\infty}(\mathbb{R})$ は明らかである．また，$\phi_n(x) = 0$ ならば $\psi_n(x) = 0$ なので，$\mathrm{supp} \ \psi_n \subset \mathrm{supp} \ \phi_n$，すなわち，$\psi_n \in C_0^{\infty}(\mathbb{R})$ となる．$\mathrm{supp} \ \phi_n \subset (-L, L)$ $(n = 0, 1, 2, \ldots)$ を満たす $L > 0$ をとるとき，$\mathrm{supp} \ \psi_n \subset (-L, L)$ $(n = 0, 1, 2, \ldots)$ でもある．$g_n = \psi_n - \psi_0$ とおいて，任意の非負の整数 $k$ に対して，$\displaystyle\max_{|x| \leqq L} |g_n^{(k)}(x)| \to 0$ $(n \to \infty)$ をいえばよい．$f_n = \phi_n - \phi_0$ とおくと，仮定より $\displaystyle\max_{|x| \leqq L} |f_n^{(k)}(x)| \to 0$ である．さて，$A_k = \displaystyle\max_{|x| \leqq L} |a^{(k)}(x)|$ とおく．そうすると，$\displaystyle\max_{|x| \leqq L} |g_n(x)| \leqq A_0 \max_{|x| \leqq L} |f_n(x)| \to 0$，$\displaystyle\max_{|x| \leqq L} |g_n'(x)| \leqq A_0 \max_{|x| \leqq L} |f_n'(x)| + A_1 \max_{|x| \leqq L} |f_n(x)| \to 0$ が得られる．$k \geqq 2$ のときも同様である．

**問 9.3**  $v$ の線形性は明らかであろう．したがって，連続性(超関数の定義の(ii))を確かめればよい．テスト関数 $\{\phi_n\}$ を，$\mathcal{D}(\mathbb{R})$ において $\phi_n \to \phi_0$ となるものとすると，問 9.2 より，$\mathcal{D}(\mathbb{R})$ において $a\phi_n \to a\phi_0$ であるから，$u$ の連続性により，$v$ も連続である．ゆえに，$v$ は超関数である．次に，$(au)' = a'u + au'$ が予想できるので，これを証明する(ここで，$a'u$ と $au'$ は問 9.2 のように理解する)．任意の $\phi \in \mathcal{D}(\mathbb{R})$ に対して，$\langle (au)', \phi \rangle = \langle a'u + au', \phi \rangle = \langle a'u, \phi \rangle + \langle au', \phi \rangle$ を示せばよい．$a'u$ と $au'$ の定義に注意して，超関数の導関数の定義を使うと，

$$\langle au', \phi \rangle = \langle u', a\phi \rangle = \int_{-\infty}^{\infty} u'(a\phi) \ dx = -\int_{-\infty}^{\infty} u(a\phi)' \ dx$$
$$= -\int_{-\infty}^{\infty} u(a'\phi) \ dx - \int_{-\infty}^{\infty} ua\phi' \ dx$$
$$= -\langle a'u, \phi \rangle - \langle au, \phi' \rangle$$
$$= -\langle a'u, \phi \rangle + \langle (au)', \phi \rangle.$$

**問 9.4**  (1) デルタ関数 $\delta$ の定義は，$\langle \delta, \phi \rangle = \phi(0)$ $(\phi \in \mathcal{D}(\mathbb{R}))$ であった．$\phi$ を奇関数とすると，$\phi(0) = 0$ なので，$\langle \delta, \phi \rangle = \phi(0) = 0$ となり，$\delta$ は偶関数である．(2) 超関数 $u$ は偶関数であるとする．すなわち，$\psi \in \mathcal{D}(\mathbb{R})$ を奇関数とすると，$\langle u, \psi \rangle = 0$ が成り立つ．いま，$\phi \in \mathcal{D}(\mathbb{R})$ を偶関数とすると，その導関数 $\phi'$ は奇関数となるから，$\langle u', \phi \rangle = -\langle u, \phi' \rangle = 0$ が成り立ち，超関数 $u'$ は奇関数となる．

# 参 考 書

　広範な応用数理の基礎となる概念，活用される方法，さらには，数学的課題解決の実例などにわたって，様々な参考書が刊行されている．代表的なものに限っても枚挙にいとまがない．ここでは，著者たちが内容に責任を負っている数冊のみ，手がかりとして紹介しておきたい．

[1] 藤田宏『理解から応用へ 大学での微分積分 I』岩波書店，2003 年．

[2] 藤田宏『理解から応用へ 大学での微分積分 II』岩波書店，2004 年．

[3] 藤田宏・吉田耕作『現代解析入門』岩波基礎数学選書，岩波書店，1991 年．

[4] 藤田宏『理解から応用への 関数解析』岩波書店，2007 年（岩波オンデマンドブックス版，2019 年）．

[5] 藤田宏・黒田成俊・伊藤清三『関数解析』岩波基礎数学選書，岩波書店，1991 年．

[6] 藤田宏・池部晃生・犬井鉄郎・高見穎郎『数理物理に現われる偏微分方程式』岩波講座 基礎数学，岩波書店，1977-1979 年（岩波オンデマンドブックス版，2019 年）．

[7] R. クーラント・D. ヒルベルト著／藤田宏・高見穎郎・石村直之訳『数理物理学の方法 上』シュプリンガー数学クラシックス 第 26 巻，丸善出版，2013 年．

[8] R. クーラント・D. ヒルベルト著／藤田宏・石村直之訳『数理物理学の方法 下』数学クラシックス 第 27 巻，丸善出版，2019 年．

[9] 齊藤宣一『数値解析入門』大学数学の入門 9，東京大学出版会，2012 年．

[10] 齊藤宣一『数値解析』共立講座 数学探検 第 17 巻，共立出版，2017 年．

[11] 菊地文雄・齊藤宣一『数値解析の原理——現象の解明をめざして』岩波数学叢書，岩波書店，2016 年．

　微積分を見直す必要があれば [1] と [2] を，本書の数学部分を補足・強化して学習するためには [3] をすすめたい．関数解析への繋がりを眺めあるいは学習するためには，[4] および上級向きの [5] を挙げておこう．応用解析の具体的な話題を展望するためには [6] が役に立つであろう．さらに，数理物理の方法をやや高度の学理と豊かな応用の絶妙なバランスで教示する古典的名著 [7] と [8] もすすめられる．現代における応用数

理では，コンピュータを用いた数値的な方法は必須の素養である．その基礎は [9]，[10] や上級向きの [11] で学ぶことができる．

# 索 引

### 英数字

1 次の基底関数　207
2 階の中心差分商　121
2 階微分方程式　86
2 次曲線　68, 74
admissible function　175
blow up　11
CFL 条件　126
convolution　159
$C^\infty$ 級関数　155
Euler's equation　183
FEM　195
finite element method　195
functional　173
$L^2(\mathbb{R})$ ノルム　166
max ノルム　93
P1 基底関数　207
support　210
variational calculus　173
variational problem　175

### あ 行

安定　94
安定な定常解　13
鞍点　173
位置ベクトル　22
一様収束　107, 131, 142

### か 行

エネルギー保存　28
エルミート（C. Hermite）　165
エルミート関数　165
オイラー（L. Euler）　31
オイラーの公式　31
オイラーの方程式　183, 186

### か 行

カールソン（L. Carleson）　135
ガウス（C. F. Gauss）　154
ガウス関数　154
角運動量　65
角運動量の保存　65
拡散係数　142
角速度　66
各点収束　130
角変数　65
加速度　3, 22
ガレルキン（B. G. Galerkin）　195
ガレルキンの方法　199
関数記号　1
関数空間　97
関数列　105
緩増加な超関数　237
奇関数　109
基本解　27
基本境界条件　188
逆 2 乗の法則　60

急減少関数　155, 216, 237

境界条件　86, 179

境界値問題　86

共役フーリエ変換　152

共役複素数　149

行列の指数関数　53

極　65

極座標　65

虚数単位　30

許容関数　175

近似解法　120

偶関数　109

クーラント（R. Courant）　126

クーラント・フリードリクス・レヴィ条件
　　126

グリーン（G. Green）　91

グリーン関数　91

グリーン作用素　98

グリーンの公式　193

ケーリー（A. Cayley）　55

ケーリー–ハミルトンの定理　55

撃力　217

ケプラー（J. Kepler）　58

ケプラーの法則　58

減衰振動　34

原線　73

格子点　121

合成積　159

後退差分商　120

勾配　173

項別積分　132

項別微分　30, 233

コーシー（A. L. Cauchy）　154

固有値　46

固有ベクトル　46

固有方程式　46

コンピュータ・シミュレーション　195,
　　200

## さ　行

最小化条件　182

最大値ノルム　93

差分商　15, 120

差分法　15, 120

差分方程式　122

差分法の解の安定性　123

三角形分割　206

三角不等式　93

試験関数　222

指数関数　29

指数関数的　7

自然境界条件　188, 195

自然対数の底　14

質点　21

弱形式　199

周期　21, 106, 145

周期関数　21, 145

周期的に拡張　106

瞬間速度　3

瞬間変化率　2

条件付きの変分問題　176

乗積極限式　14

初期条件　112

初期値　3

初期値境界値問題　112, 118, 120

初期値問題　9

振動数　21

振幅　20

数値解析学　143

数値解法　120

索　引　251

スターリング（J. Stirling）　141

正値性　93

積分核　98

積分作用素　96

節点　206

零行列　54

零ベクトル　46

全エネルギー　64

線形　97

線形汎関数　224

前進差分商　120

双曲線　68, 74

増殖係数　7

増殖率　7

速度　3

### た　行

台　210

楕円　68, 74

楕円型偏微分方程式　191

たたみこみ　159

単振動　20

中心差分商　120

超関数　209, 223, 224

超関数的導関数　220, 221

超関数微分　221

張力　83

調和振動子　27

直交　136

通径　74

定常解　12, 51

定数係数の 2 階線形同次微分方程式
　38

定数係数の 2 階線形非同次微分方程式
　38

定数係数の 2 階線形微分方程式　28

定数変化法　36, 40, 89

テイラー（B. Taylor）　30

ディラック（P. A. M. Dirac）　211

ディリクレ（J. P. G. L. Dirichlet）
　111

ディリクレ境界条件　111

ディリクレ境界値問題　163, 191

ディリクレ問題　191

停留条件　173, 181

適正　94

テスト関数　222

デュアメル（J.-M. C. Duhamel）　42

デュアメルの公式　42

デルタ関数　209, 211, 227

デルタ収束列　213

デルタ超関数　227

等加速度運動　3

同次性　93

同次方程式　89

等周問題　177

等速円運動　67

等速直線運動　3

導超関数　230

等長性　166, 167

特性根　29

特性根の方法　28

特性方程式　29

### な　行

内積　136, 166

ニュートン（I. Newton）　1

熱拡散率　104

熱伝導係数　104

熱伝導方程式　104

熱方程式　104

熱方程式のグリーン関数　163

熱量　128

ノイマン（C. G. Neumann）　112

ノイマン境界条件　112, 188, 195

ノルム　92, 166

ノルムの公理　93

## は　行

爆発　11

爆発現象　11

爆発時刻　11

波動方程式　117

ハミルトン（W. R. Hamilton）　55

汎関数　173, 224

半減期　8

反転公式　153

万有引力の定数　59

万有引力の法則　58, 59

非線形　9

微分係数　2

微分作用素　96

微分法　2

ヒルベルト（D. Hilbert）　167

ヒルベルト空間　167

不安定な定常解　13

フーリエ（J.-B. J. Fourier）　103

フーリエ逆変換　152

フーリエ級数　104

フーリエ係数　106

フーリエ展開　106

フーリエの熱伝導の法則　129

フーリエの変数分離の方法　114

フーリエの法則　103

フーリエ変換　152

複素フーリエ級数　149

ブラーエ（T. Brahe）　58

フリードリクス（K. O. Friedrichs）　126

平滑化性　124

平均変化率　2

ヘヴィサイド（O. Heaviside）　219

ヘヴィサイド関数　219

ベクトル積　64

変化率　2

変数分離型　9

変数分離法　16

偏導関数　104

偏微分方程式　103

変分形式　199

変分法　173

変分法の基本補題　182

変分問題　175

ポアソン（S. D. Poisson）　191

ポアソン方程式　191

飽和現象　9

保存量　64

本質的境界条件　188

## ま　行

マクローリン（C. Maclaurin）　30

マルサス（T. R. Malthus）　8

マルサスの法則　8, 39

無限級数　232

面積速度　69, 70

## や　行

有界な台　210

優級数　132

有限要素法　195, 200, 205

ユニタリ作用素　167
要素　206

## ら 行

ラプラシアン　191
ラプラス(P.-S. Laplace)　191
ラプラス作用素　191
リーマン(G. F. B. Riemann)　151
リーマン和　151
力学の法則　21, 58
離心率　74
リチャードソン(L. F. Richardson)
　　49
リッツ(W. Ritz)　195
リッツ–ガレルキン法　195, 199

リッツの方法　196
ルベーグ(H. L. Lebesgue)　135
レヴィ(H. Lewy)　126
連続性　94
ロジスティック方程式　9, 141
ロバン(V. G. Robin)　190
ロバン境界条件　190
ロンスキー(J. M. H.-Wroński)　100
ロンスキー行列式　100

## わ 行

ワイエルシュトラス(K. T. W.
　　Weierstrass)　132
ワイエルシュトラスの優級数定理　132

藤田 宏

1928 年生まれ．1952 年東京大学理学部物理学科卒業．
理学博士．東京大学理学部物理学科助手，同工学部物理工
学科講師・助教授，同理学部数学科教授，明治大学理工学
部数学科教授，東海大学教育開発研究所教授等を歴任．現
在，東京大学名誉教授．1964 年藤原賞受賞，1990 年紫
綬褒章受章，2019 年日本数学会小平邦彦賞受賞．
主著に『数理物理に現われる偏微分方程式 I，II』（共著，
岩波書店），『関数解析』（共著，岩波書店），『現代解析入門』
（共著，岩波書店），"Operator Theory and Numerical
Methods"（共著，Elsevier），『理解から応用へ 大学での微
分積分 I，II』（岩波書店），『理解から応用への 関数解析』（岩
波書店），『大学への数学』シリーズ（共著，研文書院），『理解
しやすい数学』シリーズ（編著，文英堂）．

齊藤宣一

1971 年生まれ．1999 年明治大学大学院理工学研究科博
士後期課程修了．博士（理学）．富山大学教育学部講師・助
教授，同大学人間発達科学部助教授・准教授，東京大学大
学院数理科学研究科准教授等を経て，現在，東京大学大学
院数理科学研究科教授．
主著に "Operator Theory and Numerical Methods"
（共著，Elsevier），『数値解析入門』（東京大学出版会），『数
値解析の原理——現象の解明をめざして』（共著，岩波書店），
『数値解析』（共立出版）．


はじめての応用解析

2019 年 9 月 19 日　第 1 刷発行

著　者　藤田　宏　齊藤宣一

発行者　岡本　厚

発行所　株式会社 岩波書店
　　　　〒101-8002 東京都千代田区一ツ橋 2-5-5
　　　　電話案内 03-5210-4000
　　　　https://www.iwanami.co.jp/

印刷製本・法令印刷

© Hiroshi Fujita and Norikazu Saito 2019
ISBN 978-4-00-005840-7　　Printed in Japan

# 松坂和夫
# 数学入門シリーズ（全6巻）

松坂和夫著　菊判並製

高校数学を学んでいれば，このシリーズで大学数学の基礎が体系的に自習できる．わかりやすい解説で定評あるロングセラーの新装版．

［現代数学の言語というべき集合を初歩から］
1　集合・位相入門　　　　　　　　340頁　本体2600円

［純粋・応用数学の基盤をなす線型代数を初歩から］
2　線型代数入門　　　　　　　　　458頁　本体3400円

［群・環・体・ベクトル空間を初歩から］
3　代数系入門　　　　　　　　　　386頁　本体3400円

［微積分入門からルベーグ積分まで自習できる］
4　解析入門　上　　　　　　　　　416頁　本体3400円
5　解析入門　中　　　　　　　　　402頁　本体3400円
6　解析入門　下　　　　　　　　　444頁　本体3400円

―――――― 岩波書店刊 ――――――
定価は表示価格に消費税が加算されます
2019年9月現在